도심과 자연이
　　　　하나가
　　될
　　　때

도심과 자연이 하나가 될 때

발행일   2023년 7월 26일

지은이   김진영
펴낸이   손형국
펴낸곳   (주)북랩
편집인   선일영   편집   정두철, 배진용, 윤용민, 김부경, 김다빈
디자인   이현수, 김민하, 김영주, 안유경   제작   박기성, 구성우, 변성주, 배상진
마케팅   김회란, 박진관
출판등록   2004. 12. 1(제2012-000051호)
주소   서울특별시 금천구 가산디지털 1로 168, 우림라이온스밸리 B동 B113~114호, C동 B101호
홈페이지   www.book.co.kr
전화번호   (02)2026-5777   팩스   (02)3159-9637

ISBN   979-11-6836-665-7 03520 (종이책)   979-11-6836-666-4 05520 (전자책)

(주)북랩 성공출판의 파트너

북랩 홈페이지와 패밀리 사이트에서 다양한 출판 솔루션을 만나 보세요!

홈페이지 book.co.kr   •   **블로그** blog.naver.com/essaybook   •   **출판문의** book@book.co.kr

작가 연락처 문의 ▸ ask.book.co.kr

작가 연락처는 개인정보이므로 북랩에서 알려드릴 수 없습니다.

현대인의 마음을 위로할 녹색 힐링, 원예

도심과 자연이 하나가 될 때

김진영 지음

북랩

세상을 바르게 보면, 전 세계가 정원임을 알 수 있다.

프랜시스 호지슨 버넷

If you look the right way,
you can see that the whole world is a garden.

Frances Hodgson Burnett

　원예치료에 관련된 책을 쓰고자 마음먹은 것은 대학원 박사과정을 마친 후였습니다. 1년간 해외를 다녀온 후에 나도 모르는 내면의 소진과 마음 한편에 밀려드는 공허함, 전공과 무관한 일들로 보낸 시간에 대한 보상이라도 받겠다는 마음이 이 책을 쓰도록 이끌었습니다.

　하지만 몇 달에 걸쳐 이런저런 관련 논문과 서적을 뒤적이며, 나 역시 제대로 갈피를 잡지 못하고 시간을 아귀처럼 잡아먹고 말았습니다. 학부, 석·박사까지 원예에 대한 공부를 하고 이와 관련된 논문들로 학위까지 취득한 나였지만 뭔가 잡힐 듯하면서도 잡히지 않는 기분이 들었기 때문입니다.

　우리 사회에서 원예치료에 대한 역사가 깊지 못하고, 해외의 여러 가지 이론들 역시 우리의 실정과 맞지 않는 부분이 존재하고, 현실적이지 못한 이론적인 것으로만 다가가기에는 현실적인 무리수가 따름을 인지할 수밖에 없었습니다. 원예치료가 현실적으로 적용

되어 많은 부분에서 사회변혁과 함께 우리 사회가 반드시 가져가야
할 필요한 부분임에도 불구하고, 실제로 우리 앞은 깜깜한 어둠으
로 덮여 있습니다.

원예치료의 이론 및 정의, 효과에 대한 부분들은 많은 여러 동료
학자들이 정리하고, 또 관련 서적들을 출판하였습니다. 하지만 근
본적으로 원예치료가 왜 필요한지, 그리고 우리 사회에서 혁명적인
사고방식의 필요이유에 대한 많은 고민을 할 수밖에 없었습니다.
이러한 우리의 환경은 여름철에 가뭄이 와서 논바닥이 갈라지고 거
기에 벼들이 타들어 가는 느낌일 수밖에 없었습니다. 우리 사회에
원예 활동 및 치료가 왜 필요한지에 대해서 화두를 던지는 책을 쓰
겠다는 마음을 먹게 된 이유이기도 합니다.

22. 12. 01

녹색 힐링을 기다리는 모든 분들, 자연을 사랑하는 모든 분들,
휴식이 필요한 모든 분들께 이 책을 선물합니다.

땅을 파고 토양을 돌보는 방법을 잊는 것은
자신을 잊고 사는 것과 같다.

마하트마 간디

To forget how to dig earth and tend the soil
is to forget ourselves.

Mahatma Gandhi

contents

I

들어가며

우리나라와 같이 단기간에 고도성장한 국가는 전 세계에서 유례를 찾아볼 수 없다. 이러한 경제개발 성과는 인간이 반드시 누려야 할 자연과의 교류 및 자연을 가까이 두고자 하는 필요성과는 정반대의 결과를 가져왔다. 그것은 빠르게 자연을 도시 사회 밖으로 밀어내 버린 결과를 초래하게 된 것이다.

우리 사회 대부분의 구성원은 도시에 거주하고 있다. 그래서 자연을 접할 수 있는 공간과 기회는 점차 줄어들어 이전의 텃밭(키친 가든)에서 기르던 식물조차도 제대로 구경을 할 수 없는 현실이 되었다. 또한 팽배한 물질 만능주의로 인하여 정원이나, 원예 그리고 공원 등과 같은 것들은 자본의 논리와 예산집행에 의해 특정 집단이나, 그것을 관리하는 구성원들의 이익을 위해 만들어지고 운영된다. 도시의 모든 정원, 공원 등은 사회가 발전함에 따라 조금씩 그 영역을 확대하기는 하였으나 시대의 요구를 최소한으로

반영한 듯 어디나 비슷한 모습을 보이고 있는 것은 안타까운 일이라 할 수 있다.

불과 40년 전에 논과 밭, 과수원이었던 곳에는 이제 풀 한 포기 제대로 자랄 수 없는 콘크리트로 지은 거대한 초고층 아파트로 대표되는 거주지들이 가득 들어서 버렸다. 공간과 공간 사이에는 건축법, 공원녹지법 등 여러 관련 법률에 따라 최소한의 부여된 녹지 공간만이 간간이 들어서게 되었다.

이러한 현상은 공동체 주택으로 획일화되어 있는 도시의 거주 공간에 녹지의 사유화를 방지하고, 공동체의 함께 누릴 수 있는 공간을 만들고 최소한의 기본적인 녹지 공간을 보전하기 위한 어쩔 수 없는 선택이라고 보는 측면이 바람직할 것이다. 하지만 공동체의 공간이라 할지라도 다양성이 결여되어 있고, 충분히 노력을 기울여 다양한 형태의 정원을 가꿀 수 있음에도 불구하고 방임되어 있는 듯한 형태는 아쉬움이 남는 부분이라 할 수

도심과 자연이 하나가 될 때

도시의 공공녹지 - 서울숲

있다.

　아이들은 토마토가 어떻게 자라는지, 흙에서 씨앗이 어떻게 발아하는지, 그 식물의 씨앗이 어떻게 열매가 되는지조차 모르면서 자란다. 물론 학교라는 공교육을 통하여 최소한의 교육을 받고 있지만, 실제로는 어떤 것도 제대로 알지 못하는 수박 겉핥기식의 교육을 받고 있다.

　꽃이 피면 벌이 찾아와 꽃가루를 옮겨 새로운 열매가 열리는 과정을 어느 아이들이 자주 접할 수 있겠는가? 그러한 공간 자체가 우리 도시 사회에서는 대부분 사라지고 없기 때문이다.

　대부분 녹지라 함은 식물의 다양성을 배제한 나무들로 가득 채워져 있다. 물론 일부 새롭게 개발되는 지역에는 식물의 다양성 등을 확보하기 위해 다양한 정원

도시 공원에 조성된 정원 - 송도해돋이공원

의 형태를 시도하고 있는 것은 주목할 만한 현상이라 볼 수 있다.

　도시가 발전함에 따라 도시 내의 공동주택 정원이나, 공원 역시 조금씩 새로운 변화를 추구하고 있다. 하지만 변화, 발전한 녹지 공간은 여전히 기존과 별반 차이점이 없다. 시민들이 직접 가꿀 수도 없고, 정원을 정원 본래의 목적에 부합하게 이용할 수도 없다. 이러한 녹지 공간은 정원 본래의 기능은 최소화되고 잘 정리, 정돈된 상태로만 제공되어지고 있다. 이 녹지가 도시의 공원이나, 공동주택 정원에서의 직접적인 원예치료와 연관성을 만들어 나가는 것은 어려운 숙제로 남아 있다.

　새로운 녹지의 개발은 도시민들에게

도심 속 정원 – 퍼스트가든

계절에 따라 다른 옷을 입는 식물과 가까이 지낼 수 있도록 하고, 다양한 식물과 나무들이 있는 공원이나 정원에서 휴식을 취할 수 있도록 하는 등 아주 유익한 일이라 볼 수 있다. 그러나 이는 공원이나, 정원이 주는 기본적인 이익 같은 차원에서 머무를 수밖에 없는 한계가 있다. 원예치료를 하기 위해서는 원예의 기본이 되는 정원이나 공원 등에서 식물을 심고, 돌보는 프로그램을 자연스럽게 진행할 수 있는 공간이 필요하다. 우리나라 공원이나, 도시의 정원은 현실적으로 시민 누구나 원예 활동을 할 수 있도록 허락된 곳이 아니다. 공공 공원이나, 도심의 아파트 등의 녹지 공간은 누구나 그곳을 가꾸고, 돌보고, 창조적인 정원 활동

푸른수목원

도심과 자연이 하나가 될 때

을 할 수 있는 곳이 아닌, 직업으로 관리하는 사람들이 관리하는 장소일 뿐이다.

　도시에서는 봄이 되면 다양한 꽃이 피고 지고, 여름에 다양한 열매들이 뜨거운 태양 아래 살을 찌우고, 가을에 수확을 하고 여러 사람이 나눠서 먹는 즐거움을 잃어버린 지 오랜 세월이 지났다. 이러한 집단 경험의 상실은 우리 사회 구성원들이 사회 속에서 누릴 수 있는 큰 즐거움과 행복을 빼앗긴 것이라 할 수 있다.

　우리 사회가 나름대로 도심에 나무를 심고 가꾸는 정책 등을 시행하고, 녹지를 확보하기 위한 많은 활동을 한 결과, 도심에 어느 정도 녹지를 확보할 수 있었으며, 사람들의 삶의 질이 높아질 수 있었던 것 또한 사실이다.

　최근의 공원녹지 정책의 중심에는 지방자치단체에서 수립한 공원녹지 기본계획에 따라 생태, 환경, 공원녹지율 등 시민들에게 공공 서비스 성격의 공원녹지 정책으로서 의의를 가진다. 도시가 발전함에 따라 시민 1인당 녹지 비율을 높이고자, 공공성이 강한 하천변이나, 강변 등을 녹지 지역으로 개발하고, 기존의 콘크리트를 걷어내는 등 다양한 방

평창보타닉가든

도심과 자연이 하나가 될 때

법으로 공원 녹지를 확보하고 개발해왔
다. 중장기적인 실천계획을 수립하고,
녹지 정책을 수행함으로써 이전 시대의
삭막한 도시환경을 개선한 점은 주목할
만한 일이라고 볼 수 있다.

하지만 대부분 도시 공원녹지 정책의
중심에는 공동체 정원이나, 시민 참여형
정원 등에 대한 내용이 빠져 있다. 도시
에 거주하는 시민들이 직접 꽃이나 풍성
한 먹을거리를 도심 곳곳에 심고 가꾸기
위해서는 기본적으로 법제화된 정책의
뒷받침이 있어야 한다. 현실적으로 이런
뒷받침 없이는 참여형 공공 정원, 공동
체 정원의 정착은 요원할 것이다.

도시 녹지 정책에는 참여형 공공 정원
또는 공동체 정원을 만들고 가꾸는 것들
이 배제되어 있거나, 수립계획 안에 포
함되어 있지 않다. 정책의 중심에는 도
시 녹지화 비율에 초점이 대부분 맞추어
져 있다. 이는 여전히 도시 녹지 공간의
양적 증가가 그 중심에 있으며 이는 시
민 1인당 녹지 비율이 부족함을 의미한
다고 볼 수 있다. 양적인 성장은 관리적
인 편의성을 위해서 모든 공원이나 공공
녹지에 정원의 형태가 아닌, 잘 조경된
형태로서 시민들에게 제공된다. 이러한
형태의 공원 녹지화 정책으로 인하여,

한국식정원 - 아침고요수목원

도심과 자연이 하나가 될 때

장흥자생수목원

오히려 도시 정원문화의 발달이 지체되는 현상을 보인다.

우리 사회 정원문화의 미성숙과 발달의 지연은 원예치료라는 새로운 대안 치료를 발전시키는 데 있어 장애 요인이 된다. 도시사회에서 원예치료를 실천할 수 있는 환경의 척박함으로 인하여, 농업치료 및 치유농업 등의 대안적인 실천 학문을 발전시키는 계기가 되기도 했다. 이러한 사회적 특징은 원예치료 및 도시 원예, 그리고 도시 정원 등에 대한 이해의 부족으로부터 발생하였다고 할 수 있다.

원예치료는 농촌지역의 관광사업도 아니고, 농촌지역 활성화 사업과도 관계가 없다. 원예치료는 근대화와 현대화, 고도

도심과 자연이 하나가 될 때

산업화에 따른 각종 병폐로 인해 인간성을 점점 상실해 가는 사회적인 문제와 더불어 마약, 알코올, 폭력, 살인, 성범죄, 자살, 우울증, 노인 고독 등의 사회적인 병폐의 대안 치료로서 발전해온 학문이다. 즉, 정원문화와 함께 원예치료는 산업화된 도시 사회에서 발생하는 많은 인간사회의 문제를 해결하기 위한 대안 치료로 서구 여러 나라에서 많은 시행착오와 여러 실험적인 데이터를 쌓아가고 있는 분야다.

우리나라처럼, 고도성장 과정에서 발생하는 많은 문제점을 안고 있는 도시 사회 내부에 대안 치료의 하나인 원예치료의 확장과 발전을 위해서 더욱더 매진해야 함은 당연한 일일 것이다.

원예치료의 역사를 보면 서구사회에서 정신적 장애가 있는 사람들을 대상으로 원예 활동을 통한 정신 질환을 치료하는 목적으로 시작한 것이다. 한때 서구사회에서는 전쟁에 참가한 군인들이 겪는 정신적인 문제를 치료하기 위해 정원을 갖춘 정신병원 등에서 원예 활동을 통한 치료를 병행했음을 알 수 있다.

그리고 영국 등 서구 선진국에서는 다양한 지역사회 공동체 정원 활동을 장려하고, 다양한 정원 꾸미기 등을 통하여 국민 정서에 도움이 되도록 하는 정책을 시행하고 있다. 영국에는 전국에 약 30만개 이상의 공동체 정원이 존재하며, 여기에 지역사회의 주민들이 자발적으로 참여하여, 원예활동 및 원예 공동체 생활을 어릴 적부터 체험하고 있다고 한다.

원예치료를 위한 활동은 식물을 통하여 사람들이 서로 소통하고, 마음의 위안을 얻는 동시에 정서적 안정감과 사회적 관계 속에서 진행되어야 한다. 원예치료는 원예 및 정원 활동을 자연과의 수동적인 관계가 아닌, 능동적인 관계 정립을 통하여 치료 및 치유행위가 이루어지는 것이다. 원예치료를 수행함에 있어, 우리 사회의 도시 녹지 및 공원 등을 그 토대로 사용하는 것은 한계에 직면할 수밖에 없는 것이다.

어릴 적 시골 할아버지가 살던 집 안마당에 각종 화초와 식물들이 빼곡히 있어서, 계절마다 꽃을 피우고, 열매를 맺은 모습을 자연스럽게 받아들였던 기억이 있다. 반면 현대 우리 사회에서는 아파트나 빌딩 사이 여유 공간에 다양한 나무들이 식재되어 있기는 하나, 매년 동일한 형태로 정형화된 모습을 보여주는 것이 대부분이다. 아파트에 사는 주민이나, 지역 사회의 그 누구도 나무를 돌보거나, 잡초를 뽑는 모습을 볼 수 없다. 그리고 그곳에서 흙을 가지고 노는 아이들도, 계절마다 피는 다양한 형태의 꽃들을 구경할 수 있는 것도 아니다.

우리 사회의 녹지나, 공원, 정원 등은 가꾸는 정원이 아닌, 보는 정원이라고 할 수 있다. 보는 정원은 처음 만들어진 정원 그대로 수 년 또는 그 정원이 없어질 때까지 그대로 두는 것을 말한다. 반대로 가꾸는 정원은 정원을 관리하는 주체가 계절마다 다양한 식물들을 심고 가꾸는 정원을 말한다. 이러한 가꾸는 정원을 통하여 우리 사회는 새로운 원예치료 프로그램을 기획하거나, 실천할 수 있을 것이다. 원예치료는 수동적으로 자연 속에서 휴식을 취하는 것보다는, 능동적으로 그 자연을 가꾸고, 적극적으로 참여하여야만 효과를 높일 수 있다.

우리 도시 사회는 대부분이 공동체 주택이고, 그 내부는 잘 조경 된 정원이 대부분을 차지하고 있다. 그리고 그 주변 역시 잘 가꾸어진 공원이 자리하고 있다. 우리의 정원문화는 대부분 보는 문화라고 할 수 있다. 정원에서 함께 일하고, 함께 나누고, 함께 치유하는 그런 정원문화를 우리 사회에 정착시켜야 할 것이다.

우리 사회의 건강한 공동체 문화를 정착시키고, 함께 할 수 있는 정원문화를 만드는 데 있어서, 새로운 커뮤니티 문화 운동이 필요하다. 이것을 우리는 원예 커뮤니티라 부른다. 원예 커뮤니티는 여러 가지 가든 활동을 위해서 원예 공동체 운동의 하나로 서구사회에서는 보편적인 원예 운동이다. 우리에게는 약간 어색하고 낯선 형태이기는 하지만, 앞으로 여러 형태의 공동체 정원을 만들고 가꾸는 데 있어서 핵심적인 활동이 될 것이다.

원예치료를 설명하고, 사회의 구성원들이 정원을 통하여 원예치료 및 치유의 효과를 받아들여서 혜택을 누릴 수 있도록 하여야 한다. 그러기 위해서는 도시 내에서 원예치료 관련 프로그램을 실천할 장소가 있어야 할 것이다. 이러한 것을 할 수 있는 토대의 정원으로 커뮤니티 가든이 필요한 것이다. 이런 커뮤니티 가든의 중심에는 다양한 원예 커뮤니티가 있다.

서울숲

바다향기수목원

II

우리 정원의 현주소

세계에서 유례가 없는
빠른 경제성장의 그늘

우리 사회는 세계에서 유례가 없는 초고속 경제성장을 이룬 국가다. 그만큼 빠르게 변화하고 최첨단을 달리는 시대에, 그리고 아주 깊은 산골 지역을 제외하고는 거의 모든 지역에 아파트가 들어서 있고 그런 곳에서 생활하는 시대에 살고 있다. 전 국민의 80% 이상은 도시에 거주하며, 아파트나 연립주택 등 도시에 건설된, 콘크리트로 만들어진 집에서 생활하고 있다.

아주 어릴 적 흔하게 보이던 봉숭아 꽃잎도 이젠 어디서 찾아보기 힘들고, 여름부터 가을까지 어디서나 볼 수 있던 해바라기도, 가을에 흔하던 코스모스도 이젠 쉽게 볼 수 없는 시대에 살고 있다. 땅에서 핀 꽃을 보려면, 차를 타고 몇 시간을 가서, 지방자치단체에서 개최하는 꽃 축제 등과 같은 지역 축제가 아니면 구경도 하기 힘든 시대에 살고 있다.

우리 정부 및 지방자치단체에서 법률에 따라 시민들이 누릴 수 있는 충분한 공간을 확보하도록 하고는 있으나, 개발 프레임에 짜맞추듯 한번 만들어 놓으면 오래가는 형태의 녹지 구역만 제공하고 있는 것이다. 초고속 개발은 신도시 하나를 3년 만에 뚝딱 만드는 요술 방망이와 같은 놀라운 기술력을 자랑하고, 모든 개발 광고 속에는 친환경, 에코 시스템이 들어가 있다고 강변을 하지만, 실제로 개발이 완료된 지역은 온통 콘크리트 더미와, 사람과 소통을 하지 못하도록 천편일률적으로 만들어 놓은 녹지 공간이 존재할 뿐이다.

도심과 자연이 하나가 될 때

아파트 내 정원

서울숲

아름답게 가꾸어진 정원은 식물들이 내뿜는 생명력을 통하여 사람들에게 기쁨과 행복감을 준다. 봄부터 겨울까지 정원을 지나치는 사람들은 시간의 흐름 속에 식물들의 생명력이 일으키는 다채로움을 지닌 정원을 보면서 계절을 느끼고, 매일 새로움과 생명력을 뿜어내는 정원을 기대한다. 여기에 정원을 직접 가꾸고, 함께 하는 일상을 맞이할 수 있다면, 그 정원을 통하여 더욱더 큰 기쁨과 행복을 느낄 수 있을 것이다.

먹고사는 문제와 더불어, 산업화에 따라, 농업 중심의 사회에서 공업, 더 나아가 서비스산업 그리고 첨단산업으로 빠르게 그 중심이 바뀌어 가고 있다. 그 변화 속에서 현대인들의 주거 형태 역시 빠르게 변하고 있다. 많은 사람들이 도시에 거주하고 생업을 이어가야 하기 때문에 최대한 많은 사람들을 도시에 거주할 수 있도록 하여야 한다. 이렇게 하기 위해서는 점점 더 높은 빌딩, 더 높은 아파트로의 발전을 거듭할 수밖에 없다.

아파트의 용적률은 150%에서 200%, 이제는 300%의 용적률을 허가하고 있다. 자본의 논리로 최대한의 수익을 창출할 수 있도록 주거지역을 개발하고, 좁은 면적에 많은 사람들이 모여 살 수 있도록 한다. 이러한 형태는 동일 면적대비, 인구대비 녹지 및 정원 공간이 부족할 수밖에 없는 이유가 되는 것이다. 이러한 주거지역 개발은 자연과 인간이 어울려 살아가도록 하는 것에서 점점 더 멀어지게 만들고 도시에서 녹지 공간, 정원 등을 점점 밀어내게 하는 결과를 가져온다. 또한 정원과 함께할 수 있는 공간을 통하여 이웃과 소통할 수 있는 문화의 발전을 저해하는 요인이 되고 있다.

서구의 여러 선진국에서는 함께 살아가는 주거 공간 안에 어떻게 정원을 끌어들이고, 공동체 구성원들이 함께 정원을 가꾸고 즐길 수 있는 방안에 대하여 많은 고민을 하고, 새로운 시도를 하고 있다. 또한, 이미 여러 형태의 공동체 주택들 안에 공동체 정원을 만들고 가꿀 수 있는 시스템을 개발하고 도시 내에서도 자연과 함께 하는 인간적인 삶을 영위할 수 있는 방향으로 발전하고 있다. 이에 반하여 우리 사회는 이러한 새로운 시도에 대해서 아직 초보적인 발걸음도 내딛지 못하고 있는 현실이 참으로 안타까운 일이라 할 수 있다.

도심과 자연이 하나가 될 때

아파트 내 정원

　자본의 논리와 초고속 개발의 논리에 따라서 우리가 사는 공간에 시간과 인간의 정성이 함께 들어가야 하는 것들은 애초에 기획단계에서부터 포함되지 않고 배제되고 있는 것이 사실이다. 하나의 아름다운 정원이 만들어지기 위해서는 아주 오랜 기간 돌봄이 필요하고 여러 사람의 손길이 필요하다. 많은 노동력과 정원을 가꾸는 사람의 세심한 손길, 그 정원의 모든 것들이 제자리를 잡기까지 여러 해의 시간이 필요하기 때문이다.

　가속도가 붙은 경제성장 논리는 모든 체계가 규격화되고, 정형화되어 있다. 이는 행정체계가 관리를 쉽게 하기 위함이

아파트 녹지

아파트 녹지

며, 동시에 동일한 형태로 여러 개를 제작하는 것은 시간을 단축하고, 관리 비용을 절약하기 위해서이다. 이러한 규격화 및 정형화는 법률적 체계 안에서 최소한의 것으로 만들어질 수밖에 없다.

도심에 자연을 가져와야 함에도 불구하고, 그 많은 도심 녹지를 확보하고도 모두 동일한 형태의 특색이 전혀 없는 녹지 공간이 탄생하게 되는 것이다. 모든 작업을 기간 내에 완성하여야 하는 특성상 또 다른 특별한 무언가를 구상하고 만들어 내는 고뇌는 없다. 아름다운 정원을 가꾸려면 최소한 수 년, 수십 년의 시간이 필요하지만, 초고속 성장 안에서는 긴 시간을 기다리는 인내심은 존재하지 않기 때문이다.

도심의 가장 보편적인 아파트를 한번 보자. 법률에 의거하여 일정 부분 녹지를 확보해야 하고 나무를 심게 되어 있다. 이러한 법률에 따라, 건축시공사는 적당한 공간에 나무만 식재하면, 책임을 다하게 되는 것이다. 녹지 공간에 대한 규정은 도심 콘크리트 속에서 최소한의 인간다운 삶을 자연과 함께할 수 있도록 하기 위한 취지로 만들었을 것이다.

그러나 빠른 개발과 최소한의 비용, 최대한의 이익을 위해서, 인간이 자연과 공존하고 그 속에서 기쁨과 즐거움을 찾을 수 있는 방안을 연구하기보다는 최대한 빠른 시간 내에 가장 효율적인 방법으로 목표를 달성하는 데만 관심을 가질 뿐이다.

경제개발과 고도성장으로 잃어버린 많은 것들

빠른 경제성장과 도시개발사업에 의해서 도심에 어릴 적 자연스럽게 보아왔던 이름 모를 구불구불한 하천이나, 가을이면 비포장 길가에 다양한 꽃들이 하천변을 따라 꽃을 피우고, 열매를 맺는 식물을 이제는 더 이상 볼 수 없게 되었다. 하천은 개발이라는 미명하에 일자로 깔끔하게 정비하고, 길을 내어, 사람들이 쉽게 산책을 하거나, 운동을 하고, 자전거를 탈 수 있는 공간으로 탈바꿈하게 되었다.

물론 일부 지방자치단체에서 새로운 시도를 하거나, 친환경 하천이라는 모습으로 최근 리모델링을 하는 경우도 있기

복원된 청계천

는 하나, 여전히 대부분의 하천은 그 본래의 기능을 버리고, 좌우 모두 콘크리트로 포장되거나 잘 다듬어진 인공 구조물 속에 갇혀 버렸다.

도로는 모두 콘크리트로 포장되고, 도로 주변의 인도 역시 보도블록 등으로 포장되어 있고, 도로 주위에 가로수만이 그 콘크리트 사이를 비집고 힘겹게 버텨내고 있는 것이 현실이다. 오래된 가로수를 가진 몇몇 도로는 그 지방의 명물로 관광지로 이름 나 있기도 하다. 대표적으로 남산 길이나, 여의도 국회의사당 벚꽃 길 같은 것이 있다. 이들 도로는 아주 긴 시간 동안 나무들이 자라서 아름다운 정원처럼 가꾸어진 예이다. 하지만 현대의 도로는 대부분 이러한 것과는 무관하게 설계되고, 도로 주위의 나무들 역시 공해에 강하고 병충해에 강한 수종들로 채워져 있는 것이 대부분이다.

도로 가로수들을 다양한 나무나, 식물들로 채울 수 있다면 여러 측면에서 좋을 것이다. 각각의 나무들이 가지는 특성을 사람들에게 한층 더 가까이서 느낄 수 있도록 하는 좋은 계기가 될 것이다.

여의도 윤중로

인천대공원

도심과 자연이 하나가 될 때

또한 우리의 공원은 어떠한가? 고도성장 속에서 도심에서는 계획도시의 설계로 인하여, 도심 속 사람들이 편하게 산책할 수 있도록 수많은 공원이 건설되었다. 하지만 그 공원들은 안전하고, 편안할지 모르지만, 정원이 가질 수 있는 특징 없이 그저 나무만 몇 그루 심겨 있는 공간 역할만을 하고 있다.

현대사회에서 흙으로 된 땅을 밟을 기회가 얼마나 될까? 대부분의 공원은 다수의 사람들을 수용해야 하기에 어쩔 수 없이 넓은 공간을 통로로 만들고, 그 통로는 다시 시멘트나 보도블록으로 포장을 하고, 다수의 공간에 또다시 체육시설이라는 명목으로 많은 공간을 할당하고 있다. 이 공원이라는 곳이 도심의 정원으로서 역할을 해야 함에도 불구하고, 그러한 것에 대한 고민 없이 만들어지고 있는 현실에 대해서 안타깝게 생각한다. 공원이 광장의 역할을 하는 것이 아니라면, 그 속에 다양한 사람과 자연이 함께 하는 공간을 만들어 나아가는 것이 맞다.

구도심의 공원

이러한 리모델링에 성공한 사례가 아예 없는 것은 아니다. 예전 서울 여의도 광장의 콘크리트를 걷어내고, 그곳에 숲을 조성하여 여의도공원으로 바꾼 것이 그 예이다. 만약에 여의도광장을 지금 숲의 모습이 아니라, 여의도정원이라는 목표를 가지고 리모델링을 하고 시민들이 함께 가꾸는 정원을 목표로 해서 만들었다면 지금 여의도는 새로운 모습을 하고 있을 것이다.

현대사회는 대부분이 공동주택에 살고 있다. 그렇기 때문에 이전 시대의 단독주택이나, 시골 고향집과 같이 개인의 텃밭을 가지거나, 마당 한쪽에 가꾸던 조그마한 정원조차도 가질 수 없다. 물론 아주 특별한 노력으로 아파트 베란다를 정원으로 가꾸는 사람들도 있다. 하지만 아파트 베란다에 식물을 가꾸어 본 사람들은 알 것이다. 그것이 얼마나 힘들고 까다로운 일인지. 부족한 햇빛은 물론, 조금만 방치해도 화분 등이 피폐해지고 거기서 떨어져 나오는 각종 부산물들의 처리, 그리고 흘러넘치는 흙이며 물, 분갈이라도 한번 하려면 온통 집 안이 엉망이 되고 만다.

도심과 자연이 하나가 될 때

아침고요수목원

도심 텃밭

아파트 현관문을 나서면 엘리베이터를 타고 내려가 바로 지하 주차장으로 가서 차를 타고 밖으로 이동을 하게 된다. 아파트 1층 밖에 무엇이 심겨 있고, 누가 관리를 하고, 아파트 주위에 어떤 나무들이 심겨 있는지에 대해서 대다수의 거주민들은 거기에 관심조차 가지지 않는다. 때때로 보이는 아파트 관리사무소에 외주를 주어 가지치기나 소독, 농약을 뿌리는 것을 볼 수 있을 뿐이다.

지금까지의 녹지 정책은 여름철 도심에 심겨 있는 나무들이 얼마만큼의 열을 식혀줄지에 대해서 초점을 맞추고 있을 뿐이다. 열을 식히려면 그만큼 콘크리트를 바닥에서 걷어내면 될 것이다. 하지만 현대화가 되면 될수록 도심에 만들어지는 콘크리트의 규모는 점점 거대해지고 바이러스가 퍼지듯 넓은 지역으로 확대되고 있는 것이 현실이다.

도심과 자연이 하나가 될 때

푸른수목원

자라나는 아이들은 학교와 집 그리고 놀이터, 하다못해 학교 운동장에서조차 흙 한번 밟지 않는 생활을 한다. 이런 환경에 있는 아이들은 식물이 어떻게 꽃을 피우고, 열매를 맺는지에 대해서 알 수 있겠는가? 식물이 꽃을 피워야 벌과 나비들이 찾아오는 사실을 일상에서 볼 수 있어야 하는데, 우리 주변에 그러한 것들을 흔히 볼 수 있는 곳은 찾아보기 힘들다. 가을 수확의 계절에 다양한 한 해의 결과물들이 있어야, 새나 다람쥐 등이 찾아오는데, 도심에 그러한 공간이 어디에 있던가?

많은 분양 홍보물에 "에코", "친환경", "자연과 함께하는" 등의 단어들이 들어가 있으면 무엇하리? 그러한 기획을 하고도 실제 만들어 놓은 것은 별반 다르지 않은 뻔한 것들이다. 도시계획이나, 건축물 설계 그리고 그것을 완성하는 단계에서 정원디자이너, 정원공학자, 원예치료사 등 전문가들이 함께하는 경우가 있던가? 대부분 이러한 직업의 사람들이 함께하는 것은 생각지도 못할 것이다.

평창보타닉가든

도심과 자연이 하나가 될 때

길을 잃고 방향을 모색하다

현재 우리 사회는 어디로 가는지 모르는 배에 타고 있다. 정치권이나 행정 전문가나, 지방자치단체 역시 어떻게 하면 현대적으로 개발할 것인가에 모든 초점을 맞추고 있다.

우리나라는 세계에서 단기간에 경제개발에 성공한 국가 중 하나이다. 대부분 국민의 열망과 욕망은 더 높은 마천루를 만들어 내는 것이고, 또한 그곳에서 사는 것이 가장 행복하다고 생각한다. 이러한 사회적, 개인적 욕망은 현실에서 가장 어두운 결과를 만들어 낼 수밖에 없다. 끝없이 올라간다고 해서 행복한 것도 가장 아름다운 삶도 아닐 것이다. 여전히 개인들은 높이 갈수록 고독하고, 정신적인 황폐만을 겪을 것이다.

이러한 경쟁적인 사회는 많은 어두운 부분을 내포할 수밖에 없다. 대표적인 것이 우리나라가 OECD 37개국 중에서 자살률이 1위이고, 행복지수는 35위라는 것이다. 우리나라의 행복지수는 전 세계 국가들 중에서 우리가 가난하다고 생각하는 대부분의 국가들에도 한참 못 미치는 5.8이며, 세계에서 100위권 아래에 있다. 세계 10대 경제대국에 들어가면서도 행복 수치는 최하위를 기록한다고 해도 무방하다.

삶이 힘들다고, 스스로 불행하다고 하는 우리 사회 구성원들 중에 자살이라는 최후의 수단을 직접 실행하려 하거나, 자살에 대한 잠재적인 요소를 내포하고 살아가는 사람들이 많다. 이런 현상은 우리나라를 청소년 사망 원인 1위가 자살이고, 노인 자살률이 세계 1위인 국가로 올려놓았다. 초고속 통신망이 세계 최고 수준인 나라, K-POP과 K-콘텐츠가 글로벌을 들썩이는 나라, 최첨단 반도체의 나라, OECD 국가 중 대학 진학률이 세계 1위인 나라이기도 하지만, 그 이면에 사회 구성원들이 세계에서 가장 불행하다고 하는 역설적인 사회가 우리 사회인 것이다.

이는 우리 사회가 나아가야 할 길을 잃었기 때문이다. 빠른 초고속 성장의 이면에는 자연과 함께하지 못함으로 인하여, 정신적인 안정감, 자존감, 살아가야 할 이유에 대해서 스스로 깨우쳐야 할 시기에 자연을 멀리하고 물질적인 욕망만을 따른 결과일 것이다.

신도시를 건설할 때에도 여타 우리 사회의 행복지수를 높일 수 있는 수준으로 건설하는 것이 아니라, 아파트 수요가 부족하니 일단 만들고 보자 하는 심리가 가장 크게 작용하고, 어떻게 수요에 맞추어 공급할 것인가에 급급해서 따라가는 정책이 대부분이다.

자연을 부정하고, 자연과 함께 살아가기를 거부하고, 자연을 파괴하여 최대한의 개발 이익만을 바라는 형태가 계속되는 사회 속에 살아가는 한, 개개인의 행복감 및 자존감이 높아지는 것은 기대하기는 어려울 것이다.

그나마 다행인 것은 이러한 정원의 필요성, 식물과 함께 할 수 있는 다양성에

동화마을수목원

도심과 자연이 하나가 될 때

대해서 우리 사회가 스스로 깨달으면서, 사회 공동체의 인식이 조금씩 변화한다는 사실은 고무적인 일일 것이다. 2010년대 이후에는 지방자치단체뿐만 아니라 다양한 사회 공동체에서 마을 단위, 군 단위로 사철마다 꽃을 심고, 가꾸고 하는 원예 활동이 다양하게 시도되고 있다.

시골 마을에 정원을 가꿈으로 인하여, 도시의 사람들이 휴식이 필요할 때 찾아와서 쉴 수 있는 공간을 제공하는 형태의 다양한 원예 및 정원 문화의 발전을 도모하고 있는 것은 우리 사회의 집단 체계가 스스로 길을 찾아가고 있음을 시사한다고 할 수 있는 일이다.

대표적인 예로서 순천시 순천만, 태안군 안면도 및 가평군 자라섬 등에 조성된 꽃정원이 있고, 그 정원에는 봄, 여름, 가을 내내 아름다운 꽃들을 가꾸고 있다. 도시민들이 언제든지 찾아와서 휴식 및 힐링 할 수 있는 공간을 제공하는 곳으로도 유명하다.

이외에도 여러 지방자치단체 및 마을 단위로 이러한 자연의 아름다움을 만끽할 수 있는 공간을 조성하고, 관광객 및 다양한 사람들이 찾아와 휴식할 수 있는 공간으로 탈바꿈하려는 다양한 시도가 이뤄지고 있다.

이러한 현상은 우리 스스로 삭막하고, 물질 만능주의에 찌든 사회에서 자연이 주는 아름다움을 통하여 건강하고, 모두가 행복해지는 사회로 나아가고자 하는 열망의 자연스러운 표출로 여겨진다.

　물론 지역적으로 인구밀도가 높지 않고 여유 농지나 땅이 많이 있는 농촌 지역을 중심으로, 도시민들과의 교류 및 지역 관광상품 개발, 지역 문화상품 개발의 일환으로 기획되고 만들어지는 것이기는 하지만, 그 중심에는 정원 문화가 차지하고 있음을 알 수 있다.

　하지만 도시민들이 보다 접근하기 쉽고 지리적인 이점이 있는 도심 내부에는 농촌 지역에서 만들고 운영하는 것과 비슷한 정원을 손쉽게 만들지 못하고 있는 것도 현실이다. 그럼에도 불구하고 여러 도시에서는 지역 내부에 있는 공원의 일부를 다양한 정원으로 개발하고, 발전시키는 다양한 시도가 이어지고 있다. 이러한 시도는 도시민들이 자연과 가까이 지내고, 도심 내부에 자연과 어우러진 공간을 통하여 삶의 질을 높이고, 행복한 삶을 영위하는 데 도움을 줄 수 있기 때문이다.

남도꽃정원 - 봄·여름

남도꽃정원 - 가을

✖
함께할 정원이 없다

우리 사회 발전과 함께 아파트 형태 공동주택의 가장 큰 고질적인 문제는 주거 형태가 공동이기는 하나 가장 폐쇄적인 구조라는 것이다. 일단 현관문을 닫고 집 안으로 들어가게 되면 옆집에서 무슨 일이 일어나도 모른다는 것이다. 서로 엘리베이터에서 인사를 하고, 입구에서 아는 척을 하더라도, 대부분의 사람들은 그것이 전부인 것이다.

또 다른 측면에서 보면 공동주택이라고 할지라도 같은 건물 한집에 사는 것임에도 불구하고, 서로의 프라이버시나, 각 가정의 고유한 영역을 인정하고 필요에 따라서 만나기도 하지만 대부분 서로 외면하고 사는 게 우리의 일상이다.

만약 공동으로 가꾸는 텃밭이나, 마을 공동 정원이 있다고 생각해 보자. 그러면 자연스럽게 이웃과 어울리게 되고, 함께 이야깃거리가 생기고, 나눌 수 있는 것이 생기게 되는 것이다. 한집에 살지만,

각방을 쓰듯, 우리 사회의 모습은 어울릴 공간이 없는 것이다. 즉 함께하고, 나누고, 함께 무언가를 할 만한 정원이 존재하지 않는다는 것이다. 이러한 곳에서 아파트에 대한 정이 생길 리가 없다.

주민이 함께할 정원이나, 텃밭이 있다면 다양한 사람들이 자연스럽게 공유하는 공간이 생기는 것이다. 이는 곧 사람들의 교류가 자연스럽게 이루어지고, 주말이 되면 자연을 찾아 휴식을 찾아 도시를 떠나는 차량의 행렬에 합류하지 않아도 되는 것을 의미한다. 도심 속에서도 어울릴 사람들이 존재하고, 무언가를 같이할 사람들이 존재하는 이상, 현실의 도피처로 멀리 떠나지 않아도 될 것이다.

도심과 자연이 하나가 될 때

공동체주택 정원

주택 정원

부천 나눔텃밭

도심과 자연이 하나가 될 때

또한 도시의 현대인들이 사회적으로 스스로 고립되고, 특히 나이가 들면서 활동폭이 줄어들고, 경제적으로 약자가 되는 시기에는 더더욱 자존감을 잃게 되는 현상이 심해진다. 이러한 자존감의 상실은 무기력, 삶에 대한 활기를 잃어버리게 만들고, 도시의 회색빛 색상과 비슷한 색의 삶을 살아가도록 만든다.

공동주택에 거주하는 모든 가구들이 함께 가꾸어야 하는 텃밭이나 정원이 있다고 상상해 보자. 그러면 공동주택에 거주하는 사람들이 휴일이면 나와서 정원을 관리하여야 하고, 모여서 정원을 어떻게 만들어 나가고 어떠한 꽃을 심고, 어떠한 새로운 식물을 식재할 것인가를 토의하여야 할 것이다.

키친 가든의 형태로 운영하여, 상추, 딸기, 토마토, 고추, 감자, 고구마 등을 심어도 되고, 사시사철 아름다운 꽃이 피는 정원으로 설계를 하여도 될 것이고, 다년생 꽃이 피는 나무를 심어서 쉽게 관리할 수 있도록 하여도 될 것이다. 또는 사과나, 자두, 배 등 과일나무를 식재하여, 가을 한철 그 결과물을 나눌 수 있도록 하여도 될 것이다. 그렇게 할 수 있다면 아파트의 각 동마다 모두 다른 형태의 공동 정원이 탄생하게 될 것이고, 곧 다양성의 시작이 될 수 있다.

이러한 형태를 원예치료에 적용해 본다면, 정신적인 결함이 있거나, 대인 관계에 문제가 있거나, 외롭게 홀로 살아가는 사람들에게 당장 필요한 치유의 효과는 분명할 것이다.

정원 놀이도 학원에 갈 판이야

예전, 취학 전 아동들 대상 학원 전단 지를 본 적이 있었는데, 그 학원의 테마가, 아이들이 마음껏 흙 놀이를 할 수 있고, 자연을 소재로 한 학원에 대한 것이었다. 그리고 유치원에서 아이들을 위한 별도의 프로그램으로 흙 놀이를 시간을 들여서 교육한다는 것이다. 이러한 우리의 현실은 아이들에게 자연 속에서 뛰어놀고 흙을 가지고 놀 공간조차도 배려하지 못하고 있음을 시사한다.

아파트의 놀이공간을 보자. 놀이터에 가보면 흙과 단절되도록 폐타이어로 만든 매트가 깔려 있고, 그 위에 근대적인 놀이공간의 산물인 미끄럼틀과 그네, 시소 등이 3종 세트로 구성되어 있다. 그러한 놀이터를 한참을 쳐다보고 있어도, 미끄럼틀을 타거나, 그네, 시소를 타는 아이들은 거의 없다. 가끔 혼자서 오는 아이들이 같이 놀 동무들이 없는 경우에 한두 번 미끄럼틀에 올라가고, 그네를 한두 번 타는 것이 전부이다.

동무들이 하나둘 모이기 시작하면 함께 할 놀이를 찾게 되고 여럿이 함께 할 수 있는 놀이에 집중하게 된다. 그 놀이에 빠져들면 해가 질 때까지 함께 노는 것이다. 특히, 흙이 있거나 여름철에 물이 있는 곳이라면 아이들은 지치지 않고 해가 질 무렵까지 그 놀이에 빠져드는 것을 쉽게 볼 수 있다.

우리 어릴 때를 생각해 봐도 그렇다. 미끄럼틀이나, 시소, 그네 등을 그렇게 많이 타고 놀았던 것은 아니었던 것 같다. 친구들과 흙을 이용하여 소꿉놀이를 하던지, 아니면 고무줄놀이 등, 여럿이 함께하는 놀이를 많이 했었다.

아파트 놀이터

이쯤 되면 왜 아파트를 공사할 때 이렇듯 잘 사용하지도 않는 놀이기구를 설치하고, 아이들이 진정 원하는 것들은 제공해 주지 않을까 하는 의문이 드는 것도 사실이다. 이것도 고도성장 과정에서 그냥 외국에서 복사해 온 것인가? 아니면 3종 세트에 뭔가 있기라도 한 것인가? 특히 그네나, 시소 등은 심심찮게 많은 안전사고가 발생하는 놀이기구라고 한다.

또한 요즈음 바닥에 까는 폐타이어를 활용한 안전 매트가 사실은 심한 환경오염 물질을 내뿜는다고 알려져 있어 아이들의 건강 또한 위협하고 있다. 그것은 그냥 어른들의 편의주의적 사고방식이 만들어 낸 괴물 같은 결과물이 아닐까라고 의문을 가져 본다.

아파트 놀이터

도심과 자연이 하나가 될 때

자연 속 놀이터 - 한택식물원

아이들은 자연에서 나온 것들을 가지고 노는 것을 가장 선호한다. 물, 흙, 나무 등 자연이 준 것들을 아이들은 끊임없이 변형하고, 수용하고, 함께하면서 가장 큰 즐거움을 얻는다. 자연에서 나온 풀이나, 꽃 등도 아이들에게 훌륭한 놀잇감이 되고, 소재가 되는 것이다.

자연 속 놀이터 - 벽초지수목원

영국에서는 각 가정뿐만 아니라, 지역 공동체 정원이 어디에나 있기에 아이들은 어린 시절부터 부모를 따라서 정원에 나가서 노는 것을 더 좋아한다고 한다. 우리 사회의 경우 아이들이 나가서 놀 정원이 없으니, 집에서 대부분 컴퓨터나, 모바일 기기를 가지고 노는 데 너무나 익숙해져 있는 현실이다. 정원 가까이 있는 아이들은 눈만 뜨면 부모님의 장화를 신고 아침 일찍이 정원에 나아가 흙 놀이를 비롯하여 정원이 주는 다양한 재료를 활용하여 놀이를 즐기게 되는 것이다. 이러한 어릴 적 성장 배경은 아이들이 자라면서 정서적 안정감, 다양한 감정의 표현, 풍부한 감수성을 표현하는 데 영향을 미친다.

다양한 자연의 색

식물은 자라면서 다양한 색을 우리에게 선사한다. 초록이 다 같은 초록이 아니다. 어린잎이 올라오는 봄의 초록과 여름, 가을, 겨울의 식물의 색이 모두 다르다. 또한 식물들은 계절별로 다양한 형태의 색으로 아름다움을 한껏 뽐낸다.

식물이 표현하는 다양한 색은 인간의 정신적인 영역에 영향을 준다. 주로 초록색으로 대표되는 식물의 색은 편안함과 안정감을 주는 데 최고의 선물이다. 식물이 빛을 받아 표현해내는 각각의 빛깔은 다양한 감정의 영역, 정신적 영역, 그리고 영적인 영역까지 영향을 미치는 것으로 알려져 있다. 이러한 식물의 다양한 빛깔들은 인간 사회에서의 상호 작용 및 대인 관계에도 영향을 미친다.

테마가든 – 서울대공원

식물의 다양한 색들은 주로 식물이 꽃을 피우면서 절정에 이르게 되는데, 사람들은 식물이 아름다운 색의 꽃을 피울 때 그 고운 자태에 넋을 잃고 감동하게 된다. 그리고 식물이 만들어 내는 아름다운 색뿐만 아니라, 그 꽃이 가지는 고유의 문양, 질감 등 각종 시각적 형상에 또 한 번 감탄하고 눈길을 주게 된다.

초록색과 파란색은 자연과의 조화 및 평화와 안정, 하얀색은 순수함과 깨끗함을, 빨간색은 열정과 사랑, 주황색은 활력과 열정, 노란색은 기쁨과 에너지, 보라색은 신비함과 영적인 영감을 상징한다.

그래서 꽃이나 식물의 색상이 우리의 감정에 영향을 미치는 것은 놀라운 일이 아닐 것이다. 예를 들어, 빨간색 장미는 열정적인 사랑을 상징하고, 노란색 국화

장흥자생수목원

도심과 자연이 하나가 될 때

는 행복한 기분을 불러일으키며, 파란색 히아신스는 평화와 안정감을 전해준다.

식물의 대표적인 색상인 초록색은 대개 자연과 관련된 색상으로, 심리학적으로 평온함과 안정감을 불러일으키는 효과가 있고, 또한 창의성과 집중력을 증진시켜주는 효과도 있으며, 스트레스 해소와 정서적 안정에도 도움이 될 수 있다. 그래서 많은 사람들은 초록색 자연을 보거나, 초록색으로 장식된 실내 환경에 있게 된다면 이러한 효과를 느낄 수 있는 것이다.

하얀색은 순수함, 깨끗함, 평화, 안정감, 신뢰 등을 상징하는 색상 중 하나이다. 따라서 하얀색 꽃은 일반적으로 차분하고 안정적이며, 깨끗하고 우아한 느낌을 준다. 또한 다양한 정서적인 느낌을 주며, 특히 심리적으로 안정적인 느낌을 주는 것으로 알려져 있다.

빨간색은 열정, 사랑, 욕망, 에너지, 위엄, 용기 등을 상징하는 색상 중 하나이다. 따라서 빨간색 꽃은 강렬하고 화려한 느낌을 주며, 특히 사랑과 로맨스와 연관된 강한 감정을 표현하는 데 사용되기도 한다. 또한 적색 꽃들은 전통적으로 군인들이 군사적인 승리나 영광을 상징하기 위해 사용되었으며, 이러한 경우에는 용기와 위엄을 상징한다.

주황색은 따뜻하고 밝은 느낌을 주는 색상으로, 보통은 활력과 열정, 활기찬 감정을 불러일으키는 효과를 가진다. 주황색 꽃은 우울감을 해소하거나, 힘든 상황에서 에너지를 얻고자 할 때 도움이 될 수 있다. 주황색은 인기 있는 색상 중 하나로, 친근하고 사람들과의 관계를 개선하고자 할 때도 사용될 수 있다.

노란색은 기쁨, 활기, 에너지, 긍정적인 감정 등을 상징하는 색상 중 하나이다. 따라서 노란색 꽃은 일반적으로 밝고 경쾌한 느낌을 주며, 특히 햇볕 아래에서 피어나는 노란색 꽃은 따뜻하고 활기찬 느낌을 준다. 노란색은 또한 창의성과 지식, 개방성, 자신감 등을 나타내는 색으로도 알려져 있기 때문에, 노란색 꽃은 특히 예술가나 창작 활동을 하는 사람들에게 긍정적인 영향을 줄 수 있다.

보라색은 신비, 순수함, 우아함, 안정감, 영적인 성장 등을 상징하는 색상 중 하나이다. 따라서 보라색 꽃은 일반적으로 차분하고 우아한 느낌을 주며, 귀족적인 분위기나 고급스러움을 나타내는 데 사용된다. 또한 보라색은 영적인 성장과 깊은 생각, 집중력과 창조성을 성장시키는 데 도움을 줄 수도 있다.

그러나 보라색은 때로는 슬픔과 비관적인 느낌을 불러일으키기도 한다. 그 이유는 보라색이 극단적인 감정과 관련되어 있기 때문이다. 이러한 경우에는 다른 색상과 함께 조화롭게 사용함으로써 부정적인 느낌을 줄이고 긍정적인 면을 강조할 수 있다.

이렇듯 자연의 다양한 색상은 인간에게 다양한 정서적, 심리적, 사회적인 영향을 미친다. 우리 주위의 정원이 매 계절 다양한 색상을 우리에게 선사해 줄 수 있다면, 정서적인 효과, 심리적인 효과, 사회적인 효과를 기대해 볼 수 있을 것이다.

숲이나, 유명한 정원처럼 아래쪽에 키 작은 일년생, 다년생 식물들이 자리를 잡고, 그 식물들이 다양한 고유의 시각적 빛깔을 빚어내고, 그 위로 작은 나무들이 꽃을 피우고, 열매를 맺는 나무들이 자라고, 그 뒤로 크게 자라는 키 큰 나무들이 자리를 잡는다면 다양한 형태의 색을 사람들에게 선사해 줄 수 있을 것이다.

식물들이 표현하는 다채로운 색은 그 자연과 가까이 있는 사람들에게 다양한 에너지를 가지게 만들고, 이러한 다양한 에너지에서 나오는 생명력을 매일매일 접할 수 있도록 한다.

도시에 거주하는 대부분의 사람들은 다양한 식물이 발산하는 다채로운 색을 가까이서 매일 접할 수 없다. 이는 매우 안타까운 일이다. 식물이 발산하는 색의 에너지는 사람들에게 다양한 방식으로 영향을 미친다. 정신적으로 결함이 있는 이에게는 그 결함을 보충해 주거나 치료를 해줄 수 있고, 그렇지 않은 이에게도 그날 기분에 따라 정신을 고양시키고, 생활에 활력과 행복감을 더해 줄 수 있을 것이다. 하지만 우리 현대인들이 살아가는 공간과 함께 하는 녹지나 가로수의 대부분은 다양한 빛깔을 표현하기보다는 대부분 초록색이라는 대표색 하나로 묶여 있는 것을 알 수 있다.

공동체 주택 내부에 만들어진 녹지 공간은 수십 년 동안 변함없이 동일한 모습을 보여준다. 정원의 부재가 가져오는 현상이다. 정원이 있다면, 정원을 관리하는 사람들은 매년 매 계절 새로운 색을 그 정원에 입힐 수 있을 것이다. 정원의 부재는 다양한 식물의 종류가 표현하는 아름다운 색이 있음을 알 수 없게 만들고, 그 속에서 살아가는 사람들은 매일 동일한 형태의 녹지 공간에 대해서 무관심하게 되는 것이다.

남도꽃정원

무릉도원수목원

태백 구와우마을 해바라기정원

남도꽃정원

자연의 생명력, 향기

식물들은 식물만이 가지는 고유한 색깔뿐만 아니라, 그 식물의 고유한 향기가 존재한다. 소나무 향기, 쑥 향기, 익모초 향기, 들깨 향기 등 모든 식물은 그 빛깔뿐만 아니라, 향기도 다양하게 발산한다.

어릴 적 할아버지 집에 가게 되면 여름에 모기향불로 쑥을 태우는 것을 본 적이 있다. 쑥이 타면서 나오는 하얀 연기 속에는 진한 쑥 향이 배어 있던 것은 두말할 나위가 없었다. 이런 들판에 흐드러지게 자라던 쑥조차도 도시에서는 흔하게 볼 수 없다. 불과 몇 년 전만 해도, 초봄 어머니가 도시 근교에 나가 냉이를 캐서 국을 끓여 주던 일도 있었다. 이제 우리 도시 사회에서는 아주 쉽게 가까이할 수 있던 하찮은 풀들조차도 쉽게 찾아볼 수 없게 되었다. 개발에 따라 식물들이 자랄 수 있는 토양이 있는 공간 자체가 줄어들고 있기 때문이다.

다양한 종의 허브 식물들이 가득한 도시의 녹지 공간 또는 정원을 상상해 보라. 녹지 공간에 있는 벤치에 앉아 주위에 다양한 허브들이 내뿜은 향기들이 나도 모르게 후각을 자극하고 있다고 상상해 보라. 몹시 즐거운 일이 아니겠는가. 또한 향기 가득한 허브나 달콤한 향기를 내뿜는 꽃뿐만 아니라 도심 정원에 자라는 하찮은 풀들조차도 우리 인간에게 이롭고, 생명력으로 가득한 향기를 우리에게 제공해 줄 수 있을 것이다.

자연의 생명 에너지는 빛깔뿐만 아니라, 그 다양한 향기를 통해서도 전달되는 것이다. 이러한 다양한 생명력을 품은 향기가 사람의 후각을 통해서 전달되면, 그 자연이 품고 있는 에너지를 흡수하게 되고, 그 향기를 통해 흡수된 에너지는 사람에게 여러 가지 이로운 효과를 줄 수 있다. 흔히 자연이 품은 향기를 가까이서 마시는 것만으로도 온몸의 스트레스가 확 풀린다거나, 정신적으로 행복한 감정이 차오르는 경험을 하게 될 것이다.

무릉별유천지

이러한 식물의 향기만을 전문적으로 다루는 사람들을 아로마테라피스트라고 하고, 식물들의 향기만을 농축해 놓는 것을 에센셜오일이라고 한다. 또한, 식물의 향기를 정제한 오일을 다루는 분야를 아로마테라피라고 한다. 이렇듯 식물의 향기는 식물의 생명 에너지를 담고 있는 것이다. 향기로 방출되는 식물의 생명 에너지는 인간에게 유익할 뿐 아니라, 건강에도 좋다. 예로부터 식물에서 나오는 향기를 이용하여, 해충을 퇴치하거나, 아픈 환자 근처에 두어 치료에 도움을 주도록 많이 이용하여 왔다.

기원전 3000년경부터 약재로 사용되어 온 라벤더는 향기로 인해 진정 효과를 갖는 것으로 알려져 있고 로마시대부터 인기가 있었으며, 그 당시에는 목욕 제품이나 향수 등으로 사용되었다.

또한, 기원전 450년경 중국에서 여성들이 아름답게 꾸미는 것이 유행했는데, 이때도 향기가 매우 중요한 역할을 했다. 중국의 역사서 '충국지'에는 고대 중국의 귀족 여성들이 자신의 몸에 향을 발라 아름답게 꾸몄다는 기록이 남아 있다. 이때 사용한 식물이 국화였고, 이를 통해 향기가 여성들의 아름다움과 건강에 좋다는 믿음을 가지고 있었다. 국화 향을 사용해 피부를 관리하고, 향기 자체를 즐기고 목욕에 사용하는 등 다양한 방법으로 활용되었다고 한다.

고대 이집트에서는 약초와 향기를 이용한 치료법이 발달되었다. 이집트의 백조의 영혼 이야기에는 여러 가지 향료가 사용되는 모습이 나타나며, 이집트인들은 향기를 활용한 치료법을 통해 매우 높은 치유 효과를 경험했다고 한다. 고대 이집트인들이 치료법에 사용된 주된 향기는 로즈마리, 라벤더, 멘사나, 미르, 프랑킨센스 등이 있다.

식물의 향기는 인간의 뇌에 직간접적으로 영향을 미치며, 감정적인 변화를 일으킨다. 향기는 뇌파에 영향을 주어 인간의 심리적 상태를 변화시키고, 기분을 안정시키는 데 도움을 줄 수 있다. 특히 꽃의 향기는 일반적으로 뇌파를 안정시키고 긴장을 완화시키는 데 도움이 되며, 상쾌하고 행복한 기분을 불러일으킬 수 있다.

대표적인 향기 식물로는 다음과 같은 것들이 있다.

장미 향기는 강렬하고 달콤한 향기로, 사랑과 열정의 상징으로 알려져 있다. 장미는 안정감을 주는 데 도움이 되며, 스트레스를 줄이고 진정, 이완, 우울증 완화 등의 효과로 긴장감을 누그러뜨리고, 자신감 및 긍정적인 마음을 갖도록 해주고 행복감을 가져오도록 해준다.

라벤더 향기는 불안, 우울, 스트레스 등에 차분함, 기분전환, 진정효과, 두통 감소에 효과가 있다. 특히 불면증이 있는 사람들에게는 편안한 숙면 및 수면의 질을 향상시키는 데 도움을 주며, 집중력을 촉진하는 데도 효과가 있다.

자스민 향기는 달콤하고 감미로운 향기를 가지고 있으며, 행복감을 불러일으키고 긴장을 완화시키는 데 도움을 주고 수면을 촉진하며, 스트레스와 불안을 줄이는 데도 효과적이다.

캐모마일 향기는 진정과 안정감을 주는 데 효과적이며, 불안과 스트레스를 줄이는 데 도움을 준다. 또한 소화를 촉진하는 데도 효과가 있다.

민트 향기는 상쾌하고 청량감 있는 향으로, 집중력과 기억력을 증진시키고 두통, 소화불량, 스트레스 등의 증상을 완화시키는 효과가 있다.

로즈마리 향기는 마음을 맑게 해주며, 특히 뇌를 맑게 해주어 뇌의 활성화 및 집중력 향상, 기억력 향상에도 효과가 좋으며, 스트레스 유발 물질의 수치를 낮추어 스트레스 해소 및 우울증에 좋은 효과를 보인다. 진통작용이 있어 두통, 치통, 생리통, 신경통 등에도 좋은 효과를 보이는 특징이 있다. 또한 순환계에 자극을 주어 근육피로감소, 통증완화, 부종, 손발냉증 완화에 효과가 있는 것으로 알려져 있다. 항균, 항진균 효과가 있어 습진, 여드름 피부, 두피의 비듬균 이상 증식 등에 좋은 효과가 있다.

제라늄 향기는 감정을 안정시켜주고, 스트레스나 불안감을 느낄 때 제라늄 향기를 맡으면 정서적 안정을 취할 수 있다. 또한 집중력 향상, 기억력 개선, 불면

증 완화 등 인지 기능에도 도움을 줄 수 있고, 항균효과가 있어 감염 예방에도 좋고 여성 건강에도 도움을 줄 수 있어 생리통 완화, 조기 월경 예방, 갱년기 증상 완화 등의 효과가 있다.

오늘날 다양한 식물의 향기는 실생활뿐만 아니라, 미용 및 의료분야 등에서 다양하게 활용되고 있다. 수천 년 이어온 식물의 향기를 활용한 다양한 분야는 현대에 이르러서는 과학적인 방법으로 사람에게 끼치는 영향에 대한 원인물질을 규명하고, 이를 통하여 좀 더 세밀하게 미용 및 의료 그리고 실생활에 적용되는 다양한 제품에 사용되고 있다.

이렇듯 식물의 향기는 성장하면서 내뿜는 원천 생명 에너지이기에 식물을 늘 가까이하고, 향기가 가득한 정원을 거닐거나, 정원에 있는 다양한 식물을 돌보는 것조차도 우리 인간을 이롭게 하는 일이라 할 수 있을 것이다.

도심과 자연이 하나가 될 때

허브아일랜드

인천 송도 장미원

III

치유의 시작,
사람들의 정원에서부터

보는 정원? 가꾸는 정원?

정원은 원래 개인의 집 안 뜰이나, 텃밭 등을 아름답게 가꾸면서 출발하였다. 과거에는 대부분 개인들이나 가족 단위로 하나의 집에서 생활하고 집 안을 가꾸고 하였으나, 현대의 도시 사회에서는 개인 단위로 집을 소유하고 집 안에 정원을 가꾸고 하는 개인 소유의 주택보다는 대부분 공동주택이나, 아파트, 고층 오피스텔 등에서 생활하고 있어서 개인적으로 정원을 소유하고 만들고 가꿀 수 있는 것은 제한을 받을 수밖에 없는 것이다.

그래서 도시의 아파트나 주택가 주변에는 공공 개념의 공원이나 공공 녹지 등을 만들어 도시민들 삶의 근처에 나무나, 꽃 등이 자랄 수 있는 최소한의 생태계를 구축하고 그것을 즐길 수 있도록 하고 있다.

이러한 공공 개념 녹지의 대부분은 보는 정원, 즉 개인이 정원을 가꾸는 원예 활동을 할 수 없는, 단지 눈으로만 보는 개념의 형태로 발전하고 있는 것이다. 이러한 현실은 시민들이 생활하는 공간임에도 불구하고 자발적으로 자신의 정원을 만들고 가꾸는 것을 불가능하게 만드는 요소라고 볼 수 있다. 물론 우리가 사는 도시에 많은 나무와 숲 그리고 가로수 등을 조성하는 것은 장려할 만한 일이다. 삭막한 회색빛 도시에

주택 정원

한밭수목원

코리아플라워파크

봄이 되면 새싹이 피고, 여름이면 울창한 나무들이 가득한 도시는 도시민들에게 그나마 위안이 되는 점이기 때문이다.

우리 사회는 현재 보는 정원의 개념으로 모든 정원에 접근하고 있는 시대에 살고 있다고 할 수 있다. 아름답게 가꾼 도시의 공원과 녹지들은 누군가의 손길에 의해서 관리되고 있음을 의미한다. 그럼에도 불구하고 도시에 거주하는 시민들 그 누구도 그것에 관심을 거의 가지지 않는 것도 사실이다. 누가 아파트에 조성된 녹지를 관리하고 있는지에 대해서는 무관심하다. 단지 날씨가 따뜻해지는 봄에 새싹이 돋아나고 꽃이 피는 모습을 보는 것만으로 만족하고 살아가고 있다.

정원을 가꾸거나 원예와 관련된 일을 하는 것은 우리의 삶이 좀 더 기쁘고, 행복해지기 위해서라고 할 수 있다. 많은 사람들이 정원을 가꾸면서 삶의 보람을 찾는다고 한다.

그와 반대로 정원활동을 하지 않는 사람들은 평상시 불만족 속에 있고, 화나 있고, 우울해하는 경향이 있다고 한다. 이러한 사회 현상의 이유는 남녀노소 누구나 할 것 없이 자연을 그저 바라만 보고, 그 대상과 친하게 지내는 공간이나

시간이 없다는 점일 것이다.

도시에 사는 대부분의 사람들은 아침 일찍 일어나 직장 또는 일터로 나가기 위해, 바로 지하 주차장으로 가서 차를 타고 목적지로 향했다가, 저녁에 다시 지하 주차장으로 들어와서 엘리베이터를 타고 집으로 들어오는 삶의 연속일 것이다. 차를 타고 이동 중에는 빠르게 지나치는 자연경관을 볼 뿐 가까이 다가가거나, 만지거나, 향기를 맡거나 하는 행위 등을 할 수는 없다. 그저 무의미하게 길을 지나칠 뿐이다.

이렇듯 끊임없이 동일하게 반복되는 삶은 현대인들에게 삶의 목적을 잃어버리게 만들고, 개인의 자존감을 박탈하고, 자아정체성의 문제를 발생시킬 수 있다. 아름다운 자연 역시 무의미하게 그저 눈에 들어오는 의미 없는 대상으로 전락하게 되는 것이다. 보는 정원은 한두 번은 기쁨과 감탄의 마음으로 바라볼 수 있어도, 개인에게 지속적인 감탄을 부르는 흥미로운 대상은 될 수 없다.

반면에 자신이 돌보는 정원이나, 녹지의 경우 그것을 가꾸고 돌보는 이들에게는 그들의 생명이 있는 한 끊임없는 기쁨과 감탄을 가져올 수 있다. 정원을 가꾸

제이드가든

는 많은 사람들은 자연의 생명력과 그 자연이 햇볕을 받아 스스로 성장하고, 꽃을 피우고, 열매를 맺는 모든 과정에 대면하게 되면서 끊임없는 감동과 행복을 느낄 수 있다. 그저 자연이 가까이 있다고 해서 행복해지는 것은 아니라고 말하는 것이다. 가까이 있는 자연을 돌보고, 함께하는 즐거움을 느낄 수 있다면 현대 도시 사회에 살아가는 많은 사람들이 스스로 행복하고, 자신이 살아가는 공간인 이 도시가 아름답다고 표현할 것이다.

우리에게 보는 정원이 아니라 가꾸는 정원이 필요한 이유이기도 하다. 원예치료의 도움이 필요한 많은 도시에 살아가는 사람들에게 공원을 산책하거나, 주위의 식물들을 보는 것만으로는 참다운 원예치료를 수행할 수 없다. 그 자연 속에 들어가 식물을 심고 가꾸는 과정에서 자연과 서로 교감하면서 스스로의 아픈 곳을 치료할 수 있게 되는 것이다. 원예치료

도심과 자연이 하나가 될 때

의 과정은 자연과 교감하면서, 그리고 그 자연과의 교감이 혼자만이 아니라 사회적으로 함께 하면서 치료하는 과정이다.

이러한 보는 정원이 아니라, 가꾸는 정원을 만들어 나가기 위해서 가장 필요한 것은 가꾸는 정원을 함께 할 수 있는 공간일 것이다. 현대 도시 사회에서는 정원을 만들고 가꾸기 위해서 공간이 필요한데, 공간을 확보하는 것이 가장 어려운 문제일 것이다. 우리 사회에서의 가꾸는 정원의 출발점은 공동체 정원, 즉 커뮤니티 가든이 대안이 될 수 있다.

정원을 가꾸고자 하는 사람들이 커뮤니티를 만들고, 커뮤니티는 특정한 목적과 수행할 프로그램을 만들고, 이런 커뮤니티가 중심이 되어 도시에 공공 정원 및 열린 정원을 만들어 갈 수 있을 것이다. 작게는 아파트 단지 내에 가꾸는 정원을 목표로 주민들이 스스로 커뮤니티를 만들고, 만들어진 커뮤니티의 목적에 부합하는 공간을 확보할 수 있을 것이다. 우리 주위를 둘러보면 여전히 정원을 만들 수 있는 공간이 많이 있음을 알 수 있다.

거창하게 수백 평, 수천 평의 공간이 아니더라도, 키친 가든 수준으로 야채와 과수 나무를 심을 수 있는 작은 공간들은 충분히 확보할 수 있다. 조금 더 나아가 우리 동네, 우리 구, 우리 시로 확대하여 원예 커뮤니티를 만들고 참여할 사람들을 모집하고, 회원들의 회비를 통하여 활동 자금을 만들고, 이를 바탕으로 지방정부에 집단의 힘으로 협상을 할 수도 있다.

허브아일랜드

　　　　　　　　　　　　　　　　　　　도심과 자연이 하나가 될 때

내추럴가든 529

이러한 과정을 거쳐 보는 정원이 아닌, 가꾸는 정원을 탄생시킬 수 있을 것이다. 가꾸는 정원은 특정 개인이나 특정 단체가 아닌, 열린 커뮤니티를 통하여 누구나 참여할 수 있는 특성을 보유하므로, 공공성과 연속성을 가질 수밖에 없다. 공공성을 가진 열린 정원이지만, 관리하는 집단의 정체성이나 구성원들의 집단 특성이 그 정원을 세상에 하나밖에 없는 정원으로 발전시켜 나갈 것이다.

또한 커뮤니티를 중심으로 만들어진 정원은 그 커뮤니티 속에서 다양한 프로그램을 수행할 수 있는 가능성을 내포하고 있다. 커뮤니티에 원예치료사가 소속되어 있다면, 그 속에서 원예치료 프로그램을 함께 진행할 수 있다.

지방자치단체 또는 국가기관의 도움을 받아 지역사회에 폭력, 불안, 우울증, 환경문제, 공동체 문제, 이웃 간의 불화 등 도시민들에게 나타나는 각종 사회적 문제를 해결하기 위한 원예치료 프로그램을 운영할 커뮤니티를 만들고, 그러한 문제를 해결하기 위한 전문가가 합류함으로써, 자연과 사람 그리고 사회와 함께 어우러질 수 있는 시스템을 만들 수 있을 것이다. 이러한 지역사회가 함께하는 커뮤니티는 회색빛 도시를 진정 생기가 넘치는 초록색의 도시로 탈바꿈시킬 수 있는 시도가 될 수 있다. 또한 원예 커뮤니티를 통해서 사람들이 서로 소통하고, 나눔을 실천할 수 있는 길이 열리는 계기도 될 수 있다.

사람들은 누구나 건강하고 아름답고 행복한 삶을 살기를 원하고, 또한 이러한 기본 명제는 헌법에도 명시될 정도로 중요한 의제이기도 하다. 이처럼 중요한 건강과 행복한 삶은 우리 사회 구성원들의 당연한 권리이기도 한 것이다. 가꾸는 정원을 통하여 인간은 신체적인 건강함을 유지할 수 있고, 자연과 교류하며 정서적인 안정감, 그리고 지역사회 시민들이 함께 하는 정원을 통하여 정신적인 행복감을 찾을 수 있을 것이다. 이런 우리의 삶과 생활 속에 함께 숨 쉬는 정원을 통하여 누구나 주인 의식을 가질 것이고 그 속에서 자연과 교감하며, 행복을 찾을 수 있을 것이다.

가꾸는 정원이 내가 사는 집에서 아주

동화마을수목원

도심과 자연이 하나가 될 때

가까운 거리에, 걸어서 5분 이내에 있다고 한다면, 그 정원을 가꾸는 데 아주 쉽게 참여할 수 있을 것이다. 더욱더, 이웃과 웃으면서 대화하고, 세대 간의 갈등이나 남녀노소 차별 없이 누구나 함께 할 수 있는 정원이라면, 그 정원을 통하여 잃어버린 사회적 공동체를 회복하고, 한 마을에 한 아파트에 서로 이웃이 함께 할 수 있다는 가치를 회복하는 데 크나큰 도움을 줄 수 있을 것이다.

원예 커뮤니티에 참여하고, 정원 일을 함께하다 보면 자연스럽게 자신의 의견을 말하고, 그동안 주의 깊게 보지 않았던 도시의 공간, 그리고 녹지, 나무, 꽃 등에 대해서 자연스럽게 알아가게 될 것이다. 정원과 식물에 대해서 여유가 있으면 공부도 하게 되고, 좀 더 아름다운 정원을 만들고, 다양한 색을 정원에 입힐 수 있을지에 대하여 고민하고 연구하게 될 것이다. 이러한 것은 정원을 가꾸는 사람 누구에게도 일어날 수 있는 일이다.

물론, 처음에 참여하는 사람들은 식물이나 나무 등에 대해서 무지한 경우가 대부분일 것이다. 하지만 한 해 정도만 커뮤니티 가든을 통해서 활동을 하게 된다면 1년 사이에 참여자 스스로가 만족할 정도로 전문가가 될 수 있을 것이다. 그

바다향기수목원

안성팜랜드

만큼 자연의 생기와 계절의 변화 속에서 식물들의 변화는 사람들에게 크게 다가올 수 있다.

이제는 보는 정원이나 공원 녹지 등이 아니라, 그 정원, 녹지, 공원 등에서 지역 사회 주민들이 함께하는 가꾸는 정원으로 무게를 두어야 한다. 가꾸는 정원을 통해서 우리 사회는 천박한 자본주의 사회에서, 성숙한 자본주의 사회, 그리고 여럿이 함께할 수 있다는 공공의 가치를 재조명할 수 있을 것이다. 원예 커뮤니티를 통한 가꾸는 정원은 열린 정원이 될 수 있고, 사회의 구성원 누구나 참여할 수 있는 공통의 자산이 될 수 있음을 의미한다.

도심과 자연이 하나가 될 때

제이드가든

✖

공동체 주택 안 도시 정원의 시작

3월 주말, 봄이 시작하는 시기인데 벌써 사람들이 분주하다. 각자의 손에는 삽, 호미 그리고 한쪽에는 퇴비 포대가 여러 개 쌓여 있다. 도시 근교에 있는 분양 받은 텃밭(키친 가든)이다. 이곳을 임대한 사람은 직장을 다니면서, 주말농장을 하고 싶어 3평 남짓 텃밭을 1년 단위로 임대하였다. 부부가 가을 추수 때까지 주말이면 늘 이곳에 매주 들러야 할 것이다. 오늘은 농장에 흙을 모두 뒤엎고 퇴비를 섞을 계획이다.

이렇듯 조그마한 농장이라도 끊임없이 주인의 손길이 필요하고, 식물이 잘 자랄

주말농장

수 있도록 식물을 심기 전에 충분한 준비를 해 두어야 한다. 농장을 임대한 사람은 여기에 고추, 파, 상추, 방울토마토, 깻잎, 옥수수 등 가정에서 자주 먹는 채소를 중심으로 파종을 할 계획이라고 한다.

아주 조그마한 농장이지만 지난 2년간 주말농장을 해본 결과 아주 만족스러웠다고 한다. 이제 주말이면 늦잠을 자고 가족과 외식을 나가고 하던 생활에서 벗어나, 아침 일찍 일어나, 1주일 동안 자신을 기다린 텃밭에 나간다. 그리고 자신의 손에 의해서 아주 여린 모종에서, 풍성하게 자라는 것을 바라보면 언제나 뿌듯하다. 그리고 처음에는 일어나서 따라오기 싫어하는 아이들을 깨워서 데리고 나오는 일이 힘들었는데, 이제는 자기들이 먼저 빨리 가보자고 한다.

그리고 이곳 주말농장을 오게 되면서 가장 큰 변화는 주말농장에 매주 만나는 여러 사람들과의 새로운 사회적 관계가 형성되었다는 점이다. 올해는 무엇을 심어야 할지, 그리고 어떤 품종이 좋은지, 언제 파종을 해야 하는지에 관하여 자연스럽게 대화를 하게 된다. 가끔씩 텃밭을 돌보다 보면 점심때쯤 함께 준비해 온 식

주택텃밭

텃밭

도심과 자연이 하나가 될 때

사도 자연스럽게 하게 되고, 온몸은 땀이
지만 함께 막걸리라도 한잔하게 되는 날
이면 더없이 즐거운 하루가 되곤 한다.

　이렇듯 생명을 키우고 가꾸는 일은 모
든 사람에게 행복과 즐거움을 가득 안겨
줄 수 있는 일이다. 아주 자그마한 텃밭
하나라도 가꾸고 성장시켜 본 사람들이
라면 그 즐거움에 익숙해지고 행복해지
는 자신을 발견할 수 있다고 한다. 그리
고 텃밭에서 기다리는 채소나, 꽃 등을
돌보는 행위 자체가 곧 즐거움이고 기쁨
이라고 한다.

　대부분의 도시인들에게는 이런 즐거
움을 느끼고 함께할 수 있는 텃밭이나,
개인이 상추 한 포기라도 키울 수 있는
공간이 주어지지 않는 것이 현실이다.
단지 푸른 나무를 보고, 정교하게 다듬
은 녹지 공간을 거닐고, 바라볼 수 있는
것 또한 나쁘지는 않다. 그럼에도 불구
하고 자신이 직접 그 녹지 공간(정원)을
가꾸고, 풀 한 포기, 돌 하나라도 자신의
땀과 정성이 들어가 있다면 더할 나위
없이 행복할 것이다. 그리고 정원을 돌
보는 일을 함께하는 사람들이 있다면 이
보다 더 즐거운 일이 없을 것이다.

인천 나눔텃밭

도심과 자연이 하나가 될 때

커뮤니티 가든 - 미국

주택 도로가 정원

　이제 우리의 상상력을 확대해 보기로 하자. 아파트 화단 또는 공원 등에 사람들이 다니는 넓은 면적의 보도블록이나, 콘크리트로 만들어진 곳을 들어내고 좁은 오솔길을 만들고, 주위로 돌과 작은 풀들, 그리고 나무, 꽃들이 자리 잡을 공간을 구성하도록 하자. 그리고 아파트 앞 햇살이 잘 드는 공간에 주민들이 공동으로 가꾸는 정원 터를 확보해 보도록 하

자. 그늘을 만드는 일부 큰 나무들은 아쉽게도 자리를 내어 주기 위해 사라져야 할지도 모른다.

　그래도 한번 최대한 나무를 보존하기 위한 설정을 해보자. 그리고 아파트 단지 좌우로 일반도로와의 경계 지역에 상당한 영역의 녹지 공간이 있을 것이다. 대부분 나무들이 심겨 있고, 그 나무들 아래에는 잔디나 잡초들이 자리를 잡고 있

도심과 자연이 하나가 될 때

을 것이다. 이곳도 역시 일부 지역을 주 민들이 직접 가꿀 수 있도록 할당해 보 자. 공간이 부족하여 모든 가구에게 충분 한 공간이 돌아가지 않는다고 해도 별 문 제가 되지 않을 것이다.

확보된 공간에 무엇을 심고, 어떤 색을 입힐 것인지, 그리고 어떤 향기를 입힐

것인지에 대하여 고민이 필요할 것이다. 주민들의 회의를 통하여 확보된 공간을 어떻게 책임제로 운영할 것인지 공간을 나눠 줄 필요가 있다. 어떤 지역은 전체 가 공동으로 할 수도 있고, 아주 작게라 도 각 가구별로 나눌 수도 있다. 어떤 곳 은 모든 세대들이 다 참여하지 않는다는 가정하에 50% 정도의 구역만 만들고 선

도심 녹지 구역

선유도

착순으로 정원을 가꿀 사람을 모집해서 운영할 수도 있다. 이러한 프로젝트를 진행하면서 공동주택의 전체 회의에서 상호 합의하에 진행하면 된다.

이런 주민 회의에 전문가인 정원디자이너, 원예치료사, 사회복지사, 그리고 동사무소 직원, 구 시청 담당 직원 등도 함께 참여한다면 더욱 좋은 결론을 이끌어 낼 수 있다. 그리고 당연히 지방자치단체의 재정적인 부분이나, 정원 활동에

필요한 각종 자재나, 정원으로 개조하기 위한 초기 비용 등에 대해서도 지원을 해 줄 수 있는 부분이 있을 것이기 때문에 회의 과정에서 자연스럽게 논의가 될 것이다.

전문가의 도움을 받을 수 없는 상황이거나, 정원을 꾸미는 데 드는 비용이 문제라면 차라리 단순한 텃밭 정원으로 활용하여도 무관할 것이다. 사람들이 쉽게 따서 먹을 수 있는 식용 식물들, 상추, 오이, 배추, 고추, 토마토, 허브 등을 심어

도심과 자연이 하나가 될 때

도 무관할 것이다. 아파트 내에서 야채를 직접 키우고, 그렇게 키운 신선한 야채를 매일 아침 식탁에 올린다고 상상해보라, 얼마나 즐거운 일인가?

물론 이렇게 정원 만들기 작업을 시작한다고 하더라도 한두 해에 그 정원이 단번에 완성되지는 않을 것이며 수 년의 세월이 걸릴 수도 있다. 처음이 어렵지, 시작하고 나면 여러 사람의 소중한 손길이 모이고, 주민들이 합심하여 함께 만들어

간다면 그리 오랜 세월이 걸리지 않고도 만들어지게 될 것이다.

이제는 정원일을 도와야 하는 도심의 관련 사람들은 주말에 도시를 탈출하는 행렬에 합류할 필요가 없게 된다. 그리고 갈 곳이 없거나, 할 일이 없는 무료한 주민들이 공원에 멍하니 앉아 있는 모습은 점차 사라질 것이다. 은퇴한 나이 든 세대들도 평일이든 주말이든 공동체 정원에 나와서 풀 한 포기라도 뽑는 데 한 손 거들게 될 것이다.

우리 사회는 이제 고령사회로 접어들었다고 한다. 수명도 많이 연장되어 거의 100세까지 살아간다. 원예활동은 특히 노인들에게는 정신건강에만 이로운 것이 아니다. 활동량이 줄어들게 되는 노인들에게 원예활동은 무리한 움직임을 요구하지 않으면서도 매일의 신체활동을 통하여 건강을 지킬 수 있는 활동이다. 미국질병센터에서는 노인들이 근력을 키우고 각종 노인성 질환을 예방할 수 있는 것으로 원예활동을 장려하고 있다. 노인들에게는 씨를 뿌리고, 잡초를 제거하는 등 다양한 원예활동 그 자체만으로도 신체적 건강을 유지하는 데 도움이 된다. 또한 공동체 정원에 참여하고, 가꾸는 일에 동참하게 되면 자연스럽게 사회적인 활동에 참여할 수 있게 되고, 나이가 들면서 사회에서 소외되는 것을 극복할 수 있다. 다양한 사람들이 참여하는 원예 커뮤니티에 참여함으로써 세대 간의 갈등 역시 극복하고 진정한 이웃이 되는 길을 찾을 수 있을 것이다.

요즘 자주 언론에 나오는 문제 중 하나가, 층간 소음 문제로 인한 다툼이다. 층간 소음 문제로 인하여 심하면 죽음을 불러오는 폭력이나, 살인사건까지 발생하

오색정원
Five-color Garden

도심과 자연이 하나가 될 때

곤 한다. 가장 가까이 사는 이웃, 거리로 따지면 불과 1m도 안 되는 거리를 두고 사는 사이 아닌가? 그리 가까운 거리에 사는데 왜 이웃집의 소리가 들리지 않겠는가? 기술적으로 완벽하게 차단할 수는 없는 문제이다. 서로 누가 살고 어떤 사람이 살고 있는지 알게 된다면 그 집에서 소리가 들리는 것을 당연시해야 할 문제가 아닌가? 즉, 서로 다툴 문제는 아닐 것이다. 아이들보고 집에서 뛰어다니지 못하게 하고, 발소리도 내지 못하게 한다면 그게 어디 사람 사는 세상인가? 감옥보

다 더한 감옥이지 않겠는가? 그런 환경에서 발소리도 내지 못하고, 뛰어다니지도 못하게 억압받는 아이들이 정서적으로 올바르게 성장을 할 수 있겠는가?

한 아파트에 사는 사람들이 공동체 정원을 마련하고, 그곳에서 공동의 노동력을 제공하는 원칙을 만들게 된다면, 구성원들은 정원 활동을 위해서 그 누구든 일정 정도의 수고를 아끼지 않을 것이다. 또한 참여하지 않는 가구가 있다면 리더십이 있는 동대표나 통장분들이 앞장서

코리아플라워파크

서 참여를 독려하게 될 것이고 그 과정에서 자연스
럽게 주민들이 서로 친분을 쌓게 된다.

완전히 다른 문화가 만들어지는 계기가 되는 것이
다. 이전에는 서로 얼굴은 마주치고 살았다 하더라
도 누가 사는지 이름도 모르고 살고 있지 않았던가?
이제는 정원에서 만나고, 정원을 같이 가꾸고 회의
라도 하려고 하면 서로 만나서 통성명부터 해야 한
다. 강제에 의해서가 아니라, 필요에 의해서 이러한
문제를 함께 풀 수밖에 없게 되는 것이다.

이렇게 공간의 준비가 완료되고, 주민들이 모이기

시작하면, 식물을 식재하기 전에 흙을 뒤엎고, 퇴비를 섞어주는 작업이 먼저 진행될 것이다. 그리고 이렇게 준비된 공간에 설계된 대로 어떤 색 꽃을 심을지, 또는 다년생 식물을 심을지, 사람이 먹을 수 있는 식용 야채를 키울지를 결정하고, 모종을 구입하여 봄이 다 가기 전에 식재를 하면 된다.

정원을 기획하고 만들었으면, 각 지방 자치단체의 정원담당자나, 전문가 등은 이러한 시행에 대해 사진과 영상 그리고 각종 데이터들을 수집하고 정리하여 데이터 서버에 저장하여야 한다. 처음 몇 곳에서 시작이 되고, 도시 공동체 정원의 효능에 대해서 관련 행정부서 및 민간 회사의 빅데이터 분석을 통하여 삶의 질이 얼마나 나아지고, 주민들의 삶에 얼마나 큰 기여를 하였는가에 대해서 몇 년간의 축적된 데이터만 있다면 얼마든지 분석 가능하게 될 것이다.

서울대공원

✖
도심의 공원 등 여유 녹지 공간을
아름다운 도심 정원으로

　우리 도시 사회에는 그간의 노력으로 인하여 도심에 각종 녹지 공간이 많이 확보되어 있는 것은 사실이다. 광역시 지역에는 그 지역을 대표하는 대공원 형식의 큰 공원이 자리 잡고 있다. 하지만 대부분의 녹지 공간은 주로 다양한 나무 수종들로 구성되어 있다. 이렇게 한번 만들어진 녹지 공간은 그 효용이 다해질 때까지 거의 변함 없이 그 자리를 지킬 것이다.

도심 녹지

도심과 자연이 하나가 될 때

녹지 공간은 한번 만들어지고 나면 더 이상 사람들의 큰 손길이 필요하거나, 매년 새롭게 무언가 태어나고, 없어지는 공간이 아니다. 그 탓에 대부분의 사람들은 녹지 공간에 잠깐 머물다 가고, 특별히 신경을 쓰지 않고 살아간다.

이러한 녹지 공간을 도심의 정원으로 재구성한다고 생각해 보자. 한 번 나무를 심어 놓은 이후 계속 변함없는 공간을 다양한 식물들이 함께 살아가는 공간으로 재구성하고, 겨울을 뺀 나머지 계절에 다양한 꽃이 피는, 다양한 향기가 사람을 황홀하게 하는, 새가 찾아오는, 다람쥐가 살아가는, 사라졌던 벌과 나비가 돌아오는 정원을 만들어야 한다.

도시의 큰 정원이 치유의 정원으로서 충분한 역할을 수행하기 위해서는 참여 구성원의 다양성이 확보되어야 할 것이다. 도시의 공원을 관리하는 공단과 시청 담당 부서가 참여하여야 할 것이고, 정

퍼스트가든

원디자이너, 정원사, 식물학 전문가, 도시계획 전문가, 정원공학자, 지역 원예협회, 원예치료사, 사회복지사 등 다양한 관련 전문인력이 참여하여야 한다.

이 과정에서 아름답고, 시민 주도적이고, 다양한 실천 원예치료프로그램, 사회복지 프로그램 등 연계 활동이 가능하도록 기본적으로 설계되어야 할 것이다. 그리고 정원디자이너 및 식물학자들이 참여하여 다양한 식물 종이 도시로 유입되고, 계절에 따른 자연의 색을 시민들에게 선사하고, 다양한 향기가 넘쳐 흐르도록 하는 설계를 만들어야 한다.

한밭수목원

도심과 자연이 하나가 될 때

미국의 대표적인 시민참여형 정원으로서는 오대호 중 하나인 미시간 호수 서쪽의 대도시 시카고에 있는 보타닉가든을 대표적인 예로 들 수 있다. 1972년에 개장한 시카고 보타닉가든은 다수의 식물학자, 원예학회 회원, 다양한 원예 프로그램 및 원예치료 프로그램을 운영하며, 지역사회와 함께 발전시킨 것으로 유명한 미국의 대표적인 정원이다. 보타닉가든은 1960년대 초반부터 약 10여 년의 개발 및 준비 기간을 거쳐 오픈하였다. 1980년대부터는 공업도시 내에서 개인 및 지역 사회단체를 위한 다양한 원예 프로그램을 만들어서 실행하고, 프로그램이 개인 및 집단 그리고 사회에 미치는 영향에 대한 연구와 작업을 병행하고 있다. 이후에는 다양한 원예 프로그램에 대한 리포트와 이에 대한 빅데이터를 구축해 나가고 있는 중이다.

특히 시카고는 보타닉가든을 오픈하면서 시청 안에 도시 원예와 원예치료에 관련된 부서를 통합하여 운영하면서, 단순히 보고 즐기고 산책하는 관광지 개념의 공원이나 식물원이 아닌, 시민들의 정신적, 육체적 건강을 위한 공원을 만드는 실제 원예치료 프로그램을 운행 중이다.

여러 서구의 선진국에서는 100여 년 전부터 시민들이 함께 하는 정원을 기획하고 누구나 그 정원을 방문할 수 있도록 하고, 아름다운 정원을 통하여 아픈 사람들, 특히 제2차 세계대전, 한국전쟁, 베트남 전쟁 등 사회에 복귀하는 참전 용사들의 전쟁에 대한 트라우마나, 정신적 장애, 그리고 알코올 중독, 마약 중독 등 심각한 정신 질환을 치료하는 데 공공의 정원을 활용하여 치료를 하였다.

우리 사회는 이제 원예치료의 개념이 도입된 지 약 20여 년밖에 되지 않았고, 현재는 농업인이 그런 장소를 제공할 수 있도록 하는 농업 치유 개념까지 확장하여 법률로서 서비스를 제공하는 단계다. 도시의 많은 사람들은 농촌 지역까지 찾아가서 그러한 서비스를 받아야 하므로 거리상이나, 교통수단, 많은 시간이 소요되는 문제로 인하여 농업 치유라는 새로운 개념은 만들었으나, 실제 도시의 시민들이 그 혜택을 받기에는 부족한 점이 많이 있다.

우리 사회의 대다수 구성원은 도시에 거주하고, 도시에서 생활하고, 도시를 기준으로 생업을 이어가기 때문에 도시를

아침고요수목원

벗어나서 특정한 지역으로 이동하는 것은 언제나 한계가 있을 수밖에 없다. 아무리 좋은 것이라도 멀리 있고, 많은 시간과 비용이 든다면 그 혜택을 받기가 어렵게 되는 이치일 것이다.

도시 안에서 발생한 문제는 도시 안에서 그 문제점을 해결할 수 있도록 하는 것이 가장 현명한 선택이며, 누구도 이를 부정할 수 없을 것이다. 한강의 기적으로 불리는 발전을 이뤄낸 우리 사회는 세계

에서 최고로 부지런하고, 세계에서 가장 열심히 일하고, 가장 빠르게 성장한 국가로 알려져 있다. 하지만, 실제 그 뒤에는 행복지수가 아시아의 후진국보다 못하고, 세계에서 가장 자살을 많이 하는 나라라는 타이틀 또한 가지고 있다.

이는 현대적인 문명의 이기적인 삶과 끊임없는 치열한 경쟁을 해야 되는 우리 사회의 구성원들이 국가와 사회의 발전에 이바지한 만큼에 비해 정서적, 정신

도심과 자연이 하나가 될 때

동화마을수목원

적, 사회적으로 돌봄을 받지 못하고 있음을 반증한다.

시민들이 현대 문명의 이기적이고 폭력적인 성향에서 벗어나서 정신적인 편안함과, 정서적인 안정감을 찾을 수 있는 공간이 절대적으로 필요한 이유가 여기에 있는 것이다. 정신적인 결함을 가지고 있는 사람들이 도심 내에서도 편안하게 휴식하고, 다양한 식물들의 색깔을 받아들임으로써 심신의 안정감을 찾을 수 있는 그런 공간이 필요한 것이다.

그 속에서 식물들의 향기를 맡으면서 다양한 질감을 보고 느낄 수 있고, 함께하는 다양한 곤충들의 모습을 관찰할 수 있는 살아 있는 공간이 도시에 살아가는 사람들에게 필요하다.

시민들이 참여하고, 시민들이 함께하는 정원을 우리 사회도 지금 시작해야 한다. 우리 사회에 잘 짜인 듯한 수많은 공원과 녹지 공간에 색을 채우고, 향기를 채우고, 벌과 나비 등 각종 곤충들이 다시 찾아올 수 있게 해 줘야 그 자연과 함께 살아가는 사람들이 병들지 않고, 건강하고 행복한 삶을 유지하고 살아갈 수 있는 것이다.

이러한 공간이 먼저 존재할 때, 여기에 살을 붙이고, 지역주민이 참여할 수 있는

여왕의정원
Queen's Garden
皇后庭園

벽초지수목원

프로그램을 만들어서 실천하고, 살아 있는 정원에서 다양한 원예 관련 강좌 그리고 원예치료 프로그램을 수행할 수 있을 것이다. 원예치료는 말 그대로 살아 있는 자연을 가꾸면서, 정신적인 문제, 육체적인 문제, 심리적인 문제를 치유해가는 치료 행위이기 때문에 반드시 살아있는 자연을 가꿀 수 있는 공간이 절대적으로 먼저 확보되어야 함은 당연하다.

사람의 발길이 거의 없는 도심에는 행정 편의상 만들어 놓은 조그마한 공원부터 규모가 있는 공원까지 다양한 형태의 공원이 존재한다. 대부분은 나무와 잔디로 구성되어 있고, 거기에 사람들이 발을 딛는 부분은 대부분 콘크리트 또는 보도블록으로 구성되어 있다. 그리고 중간에 잠시 쉬었다가 갈 수 있는 벤치가 있는 형태로 구성되어 있다.

이러한 공간 일부를 아름다운 꽃과 나무, 그리고 여기에 봄부터 가을까지 다양한 색채를 띠도록 구성해 보자. 완전히 다른 공간이 될 것이다. 다양한 곤충들이 이곳을 찾아들 것이고, 사람들 역시 즐거워져 자주 찾아오는 곳이 될 것이다.

제이드가든

도심과 자연이 하나가 될 때

도시 정원을 힐링 정원으로

사람들은 아프거나 나약할 때, 따뜻한 햇살 아래 향기가 가득한 꽃들이 피어 있고 다양한 식물이 있는 곳에 벤치나 해먹, 넓적한 돌 위에 누워 있기만 해도 편안함과, 안정감 그리고 아픈 곳이 없어지는 듯한 느낌을 받는다고 한다. 내가 사는 곳 주변에 언제든지 찾아가면 편안하게 한두 시간쯤 쉴 수 있는 공간이 늘 있다고 가정해보자. 상상 속에서만 가능하다는 안타까움이 있지만, 그러한 곳이 있다면 아프거나 힘들 때 편안하게 쉴 곳을 찾거나, 커피 한잔의 여유를 찾는 사람들에게 진정한 휴식이 될 것이다.

내추럴가든 529

현대인들은 새벽같이 출근을 하고, 고객들을 상대하느라 진을 다 빼거나, 직장에서는 상사들의 눈치를 보며 하루를 보낸다. 그러한 하루를 보내고 나면 녹초가 되고, 집에 가서 몇 시간 휴식을 취하고 다시 다음날 일찍 직장으로 나선다. 근무하는 근처 도심 공간에 아름다움을 한껏 발산하는 다양한 식물들이 가득한 정원이 있다면 그들의 삶은 많은 부분에서 바뀔 수 있을 것이다.

도심에 이러한 정원이 근처에 있다면, 점심 시간이나 하루 일과를 마치고, 커피 한 잔의 여유를 정원과 함께 하고, 그 공간의 여유로움과 편안함 덕에 그 순간만은 모든 시간이 정지된 듯한 기분을 만끽할 수 있을 것이다. 그저 자연 속에 함께 있는 것만으로도 인간은 그 자체로 치유됨을 느낄 수 있기 때문이다.

이러한 것은 얼마나 치유가 되고 얼마나 좋은지 꼭 과학적 수치로 밝혀야 되는 것은 아니다. 누구나 그 정원 속에서 한 10분간만 있어 보라. 그것보다 더 좋은 실증은 없을 것이다. 봄이면 사람은 꽃이 가득한 카페나, 꽃이 피는 곳에 삼삼오오 모여든다. 어느덧 꽃이 만발하는 계절이 오면 우리 사회는 매화꽃이 가득한 마을

시흥 갯골생태공원

이나, 벚꽃이 만발한 가로수가 있는 곳이면 관광버스까지 대절하여 단체로 그곳을 방문하고 꽃이 가득한 거리나, 농장에서 하루를 즐기다가 돌아간다.

이렇듯 자연의 꽃은 사람들을 끌어당기는 힘이 아주 강하고 매혹적이다. 매년 꽃이 피고 지고 하는 것은 자연스러운 이치지만, 이러한 계절의 자연스러운 변화는 사람들에게 매혹의 시간을 가지게 한다.

멀지 않은 곳, 우리가 일하는 직장 근처, 그리고 우리가 거주하는 집 근처에 이러한 것을 느낄 수 있는 정원이 늘 가까이 있다면 그것 자체로도 아주 훌륭한 힐링이 되는 장소가 되는 것이다. 도심에 이러한 곳이 아예 없는 것은 아니다. 그러나 대부분의 지역은 늘 함께 할 수 있는 도시 내 몇 발걸음 정도 떨어진 곳에 몇몇 자연이 숨 쉬는 공원이 존재하긴 하지만, 아름다운 정원을 목표로 가꾸어진 곳은 드물다.

한택식물원

도심과 자연이 하나가 될 때

사람은 녹색 식물과 함께 있으면 안정감과 편안함을 느낀다고 한다. 녹색은 가장 편안한 색이다. 녹색에서 피어나는 다양한 색깔의 꽃은 그것을 본 이들로 하여금 행복감과 충만한 정신을 느끼게 해 준다. 큰 나무들은 그 아래에 있는 사람들에게 안정감과 그 나무로부터 보호받는 느낌을 받게 만들어 주고, 작은 나무들 그리고 풀들은 바라보는 이에게 정신적인 편안함과 즐거움을 가져다 준다.

우리 사회 대부분의 사람들은 점심 식사 후 쫓기듯이 다시 일하던 직장으로 발걸음을 옮긴다. 몇십 분 간의 여유도 없고, 어디 한가하게 잠시라도 휴식을 마음껏 취할 공간이 없기 때문이다. 높은 빌딩이라고 하더라도 몇몇 건물은 힐링 공간을 만들고 정원을 꾸며 놓은 곳이 있기는 하지만, 대부분의 건물 옥상은 녹색 정원을 만들 시도를 하지 않고 있다.

대부분 건물 옥상에 올라가 보면 옥상정원은 건축물을 지을 당시 만들어 놓은, 누가 봐도 관리를 제대로 하지 않고, 콘크리트로 흙을 담아 놓고 나무를 심을 수 있게, 그리고 몇 년 지나면 방치될 것 같은 모습을 하고 있다. 전문적인 정원사나 정원 관리인이 가꾸는 모습을 보이는 곳은 드물다고 할 수 있다. 그러한 곳이라도 누군가 관심을 가지고 가꾼다면 아름다운 정원으로 탄생할 수 있는 곳은 우리 사회에 수없이 존재한다. 이렇게 도시 내에 정원을 만들고 가꾸는 인식의 혁명이 우리 자신과 우리와 함께 살아가는 사람들을 위해서 필요한 것이다.

농경사회에서 산업사회로 그리고 4차 산업혁명으로 발전하는 과정에서 우리 사회는 인간이 자연과 더욱 가까이 있어야 함을 스스로 버리고 자연과 더 멀어지는 것이 더 잘 사는 것이고 행복해지는 것으로 착각을 하였을 수도 있다. 그 이전의 농경사회는 가난하고 배고프고, 불편한 삶으로 대변되었다. 이러한 인식은 근대화 과정에서 나타나는 정치적인 문제, 여러 사회적인 문제, 전쟁, 식민지화에 따른 피폐함 등을 거치면서, 그 사회를 지배하는 계층에게 대부분의 하층민들이 겪을 수밖에 없는 고통과 힘든 삶을 연상시켜 왔다. 그로부터 최대한 빨리 벗어나기 위한 반발심으로 우리 사회가 자연과 가까이했던 삶으로부터 멀어졌던 것이라고 볼 수 있다.

많은 사람들이 도시에 몰려들고, 집을 짓고 거주할 공간마저 부족하다고 하여 모든 땅에는 빼곡히 집과 건물들이 들어서고, 차들이 다니는 도로 및 좁은 골목길을 빼고는 사방이 담장과 건물벽으로 가득한 곳이 우리네 도심 공간의 일상이 되었다. 인간들이 살아가는 곳, 그 어느 곳에도 자연이 들어설 공간조차 없는 숨이 팍팍 막히는 곳이 된 지는 이미 오래다. 나무 한 포기, 풀 한 포기조차도 도심에서는 관청에 허가를 받지 않고는 터를 내릴 수 없는 것이 우리네 현실이다. 도롯가에 자라는 모든 나무들은 관청에서 허가하여, 관리되는 자산이기도 하다.

도시의 한 줌 흙과 돌도 모두 누군가 주인이 있으며, 함부로 옮기거나 손을 댈 수 없는 자산이다. 하다못해 도시를 가로지르는 강 주변부에 있는 나무나, 돌, 풀한 포기조차도 일반 시민이 그것을 훼손하거나, 또는 그곳에 새로운 식물을 심는 행위까지 마음대로 할 수 없는 것이 우리 사회이다.

도심 내에서 새로운 정원을 만들거나, 가꾸는 일 자체도 누군가의 의지가 있다고 할 수 있는 일이 아닌 것이다. 정부의 담당 부처 공무원이나, 지방자치단체장 중에서 인식의 전환을 가진 사람이 아니고서는 이러한 일을 추진할 수조차 없는

인천 송도 공원

세상이 된 것이다.

　물론, 많은 사람들이 이에 대한 필요성을 강조하고 있고, 누구나 이러한 도심 정원이 필요하다고, 그리고 힐링 정원이 있음으로 인해 도시의 가치가 높아지고, 좀 더 좋은 우리 사회가 될 수 있을 거라는 믿음이 확산되고 있는 것도 사실이다. 우리 사회의 미래를 위해서라도 도심의 정원을 새롭게 건설하고 누가 쉴 수 있는 도심의 아름다운 정원이 더 만들어질 수 있게 미리 준비하여야 할 것이다.

도시 정원을 치유의 정원으로

거주지역이나 공원 등에 새롭게 만들어지는 정원을 활용하여, 원예치료를 하는 공동체 프로그램을 진행하여야 한다. 만들어진 정원은 흙과 돌 그리고 각종 식물들을 함께 돌보며, 정원을 가꾸는 것을 함께 토의하고, 여러 사람이 봄부터 가을까지 치유의 정원에서 신체적으로 건강을 회복하고, 잃어버린 자존감과 사회적으로 고립된 삶을 회복할 수 있는 치유의 장으로 활용되어야 한다. 우리 사회는 여전히 원예치료에 대해서 인색하고, 관련 프로그램을 충분히 사회에 적용해 본 경험도 부족한 상태이기 때문에 이를 적극적으로 활용할 수 있는 것도 아니다.

카페정원

도심과 자연이 하나가 될 때

카페정원

원예치료와 관련하여 전문적인 지식인 집단이 많이 배출된 것도 아니고, 관련 학문에 대한 역사가 이제 갓 20여 년밖에 되지 않는 상황이라 더욱 어려운 여건이라고 할 수 있다. 영국이나, 미국 등지에서는 전쟁과 산업화, 공업화 과정을 거치면서 원예치료를 통한 개인적인 문제뿐만 아니라, 사회적 안정감 및 사회 공동체의 문제를 다양한 원예치료 프로그램을 통하여 해결하려고 노력하였다. 현재 역시도 그 원예치료의 효과는 사회 공동체적 관점에서 이루 말할 수 없을 정도로 높다는 사실을 입증하고 사회에 적용하려고 노력하고 있다.

예를 들어 미국의 지방정부에서는 청소년의 마약, 섹스, 폭력 등과 관련된 범죄를 줄이기 위한 일환으로 다양한 청소년 관련 원예치료 프로그램을 진행 중인데, 이 프로그램을 진행한 지역에서는 청소년들이 방과 후에, 모바일 게임에 몰두하거나, 폭력, 마약 등과 관련된 것에 빠져드는 비율을 현저히 낮출 수 있었다고 한다. 대부분의 아이들은 처음 원예치료 관련 프로그램을 시작할 때 식물에 대해서는 아무것도 모르는 상태였지만, 이 식물을 가꾸고, 흙과 돌을 만지면서부터, 새로운 생각을 하고 자신의 미래에 대한 일까지 새로운 결심을 하게 된다고 한다.

특히, 일상생활에서 아이들은 새롭게 접한 정원 일이나, 작물을 키우는 일에 대해서 대부분 믿을 수 없을 만큼 아주 특별하게 받아들인다는 점이다. 재미있는 모바일 게임을 집어던지고, 매일 방과 후에 있을 원예치료 프로그램에 더 열심히 참여하고, 또한 식물에 대해서 스스로 공부를 하고, 그 내용을 가지고 정원 텃밭에 적용을 하기도 하며, 함께 참여한 동료들에게 자신이 가진 정보를 나누기도 한다는 것이다.

가장 중요한 점은 학교에서 서로 사이가 좋지 않은 학생들이, 함께 원예치료 프로그램을 몇 주간 하고 나면 대부분 아이들은 서로에 대해 많은 부분 이해하고, 인간적으로 좀 더 친밀한 관계를 맺는다는 사실이다.

무릉도원수목원

이렇듯 도심에 정원이 있다면, 멀리 나가지 않더라도, 도심 내에 있는 정원에서 우리 현대인들에게 필요한 즉, 특정 집단에 맞추어진 형태의 원예치료 프로그램을 진행할 수 있을 것이다. 우리 사회가 원예치료 관련 프로그램을 진행할 공간이나 전문인력이 부족한 현실이지만, 우리 사회 어느 도시의 한 지방자치단체에서 실험적으로라도 도시 정원을 만들고, 이에 걸맞게 예산을 투자하고, 시민들이 다양한 형태로 정원을 꾸미고 가꾸는데 참여할 수 있도록 한다면, 도시의 시민들에게 지친 일상을 치유할 수 있는 새로운 패러다임의 정원이 될 수 있을 것이다.

더그림

　이러한 형태의 정원을 실험적으로 한 지역에서 작게나마 시작을 하게 된다면, 좋은 평가와 함께 성공적인 정책이 될 것이 분명하기 때문이다. 2010년 이후 여러 지방정부에서 지역 경제 활성화 및 관광객 유치, 지역사회를 아름답고 생기 있게 바꾸기 위한 정책의 일환으로 공원을 재정비하고, 새롭게 정원을 만들고 가꾸고 홍보하는 것이 트렌드로 자리잡고 있는 것만 봐도 알 수 있다. 이렇듯 새로운 형태의 정원과 그리고 원예 및 원예치료와 관련된 프로그램이 함께 시행되어 미미한 효과라도 나타난다면, 새로운 정원과 관련된 정책은 여러 지역으로 급속하게 전파되어 퍼져 나갈 것이다.

　예를 들어 서울시에서 청계천을 하수구에서 다시 하천으로 돌려놓은 사업을 성공적으로 수행하여, 시민들이 휴식할 수 있는 공간으로 전환했었다. 이를 본 다른 지방정부에서도, 이전까지는 하수구 역할을 하도록 하고, 그 위를 시멘트로 메웠던 하천을 다시 복원하는 사업을 경쟁적으로 진행하였다. 이러한 도심 하

도심과 자연이 하나가 될 때

천 복구 사업은 무관심하게 수십 년 동안 버려두었던 자연의 일부라도 도시를 살아가는 우리 현대인들에게 다시 돌려줘야 하는 필요성과, 그 돌아온 자연이 얼마나 기쁜 것인가에 대한 소중한 경험이 아닐 수 없다.

하천 복구 사업은 원래 있던 더러움을 감추기 위해서 보이지 않게 했던 것을 다시, 그 이전 상태로 되돌려주는 사업이라고 할 수 있다. 토목, 건축에 일가견이 있는 우리 사회에서는 쉽게 실행할 수 있었던 사업이었다. 하지만 원예나, 정원에 대해서는 여전히 사회적으로 전문가도 부족하고, 이에 대한 필요성을 인식하는 위정자도 많이 부족한 상태이다. 그래서 도심에 공동체 정원을 만들고 이 도심의 정원에서 새롭게 관련 프로그램을 준비하고 실행하는 단계까지는 많은 관련 전문 지식인들, 그리고 관련 협회에서의 헌신적인 노력과 수십 년의 시간이 필요한 사업이 될 것이다.

한밭수목원

코리아플라워파크

우리의 사회가 고속, 초고속에만 연연하고, 경쟁적인 속도전에 익숙해져 있기 때문에 오랜 기간 특정 정책에 돈을 집행하는 것은 위정자들에게 전혀 달갑게 들리지 않을 이야기일 것이다. 자신이 재임하는 기간에 첫 삽을 뜨더라도 그 달콤한 결실은 그다음 지도자에게 돌아갈 것이기 때문에 장기적인 프로젝트는 기피하게 되는 것 또한 현실인 것이다.

반드시 자기 재임 기간에 성과를 거둘 수 없는 장기적인 프로젝트가 될 것이 뻔하기 때문인 정원에 대한 프로젝트를 실행하지 않는 것이다. 우리 사회에 비슷한 공원이 많은 이유는, 공원이 크든 작든 자신의 재임기간에 할 수 있는 일만을 좋아하고, 그곳에 자본을 투여하기 때문이다.

이들을 설득하고, 정책이 실행되기까지는 인식의 대전환이 필요한 부분이기도 하다.

도시에 정원이 누구에게나 열린 치유의 정원이 되기 위해서는 인기 관광지처럼 너무나 많은 사람들이 몰려서도 안 되고, 장소가 협소하여 오래 머물 수도 없는 곳이 되어서도 아니 될 것이다. 도시의 정원이 가까이 존재하여야만 사람들이 손쉽게 접근할 수 있고, 치유프로그램에 쉽게 참여할 수 있을 것이다. 이렇듯 하나의 도시에 정원이 치유 효과를 거둘 수 있도록 많은 사람들이 쉽게 프로그램에 참여할 수 있어야 하고, 가까운 곳에 공원이 자리하듯 존재하여야 한다.

현재 우리의 도시는 대부분 이러한 공원이 자리할 장소를 모두 잃어버린 것이나 마찬가지이다. 몇몇 문화재로 지정된 곳 이외에는 도심이 전부 건물과 도로 등으로 채워진 상태이기에, 정원이 들어설 자리는 없어 보이는 것도 안타까운 현실이다. 물론 새롭게 계획된 신도시, 택지개발지구에는 녹지 및 공원이 확보되어 운영되고 있는 것은 반길 만한 일이다. 앞으로 택지를 개발하고 신도시를 건설함에 있어서, 단순히 평면적인 도심의 공원만을 만들고 운영할 것이 아니라, 그 공원 전체를 자연이 함께 숨 쉴 수 있는 공간으로 만들고, 그 속에 다양한 동식물들이 함께 어우러져 살아갈 수 있는 공간

창포원

으로 서서히 만들어 가면 좋을 것이다.

아름다운 정원을 만들고 가꾸는 데 있어서, 지역 원예협회, 그리고 원예치료협회, 식물학자, 정원디자이너 등 다양한 전문가들이 함께할 수 있는 커뮤니티를 만들고, 지역 사회의 자원봉사자 그리고 지역 사회 주민들이 자발적으로 참여할 수 있는 창구를 만들어야 한다. 언제든지 공원이나, 정원을 가꾸는 프로그램을 만들고 운영하여 함께할 수 있는 장을 만들어야 한다. 그렇게 된다면 참여한 지역 사회 주민들이 그 정원에 대한 애착을 느끼며, 자연스럽게 주인의식을 갖게 될 것이다.

이러한 공동체 정원은 봄부터 가을까지 휴식과 힐링의 공간이 되고, 거기서 나오는 각종 야채, 허브, 과일 등을 통한 나눔의 정원이 될 수 있다. 이런 정원을 꾸미고, 가꾸고, 돌보는 것들은 각종 원예치료 프로그램 개발의 과정에 자연스럽게 포함될 수 있고, 지역사회의 소외된 사람, 원예치료가 필요한 개인 또는 집단에게 훌륭한 치료의 장으로 탈바꿈될 수 있을 것이다.

도심과 자연이 하나가 될 때

물향기수목원

도시 정원을 아이들의 놀이터로

현대의 도시에서는 마음껏 뛰어노는 아이들의 소리가 들리는 모습이 사라진 지 오래인 듯하다. 아이들은 방과 후 각종 학원 버스에 실려 몇 개씩 학원을 다니는 모습이 낯설지 않은 우리네 풍경이다. 그리고 잠들기 전까지 대부분 스마트 기기에 매달리는 모습을 보여 주고, 거기에 집중하는 삶이 일상이다. 부모들은 아이들이 다른 아이들에 뒤처지지 않는 방법이 곧 열심히 공부하는 것이라고 믿고 있고, 그렇게 아이들을 가르치고 영향력을 행사한다.

부모들은 모이면 누구는 어디 학원을 다니고, 누구는 얼마나 공부를 잘하는지, 그리고 목적은 단 하나, 줄을 세운 대학교 중에 제일 좋은 곳에 보내느냐 못 보내느냐를 가지고 목숨을 건 행진을 시작하는 것이다. 앞 장에서도 말하였지만, 우리나라가 OECD 37개국 중에서 자살률이 1위이고, 청소년 사망 원인 1위가 자살이라는 것이 현실이다. 아이들은 이러한 사회에서 목숨을 건 경쟁을 하는 것이고, 곧 죽을지도 모르는 경쟁사회에서 살아남기 위한 처절한 몸부림을 하고 있다고밖에 할 수 없는 것이다.

채소정원

한택식물원

정원이 가까이 있는 도시의 아이들은 어릴 때 흙을 자연스럽게 만지고, 식물을 가까이서 가꾸면서 식물이 살아가는 법, 식물들 사이에서 곤충이 살아가는 법을 자연스럽게 알게 된다. 자연과 친하게 지냄으로써, 안정감과 편안함 그리고 행복감과 자존감을 자연스럽게 키울 수 있는 것이다.

아이들은 식물들이 자라면서, 아름다운 꽃을 피우고, 그 꽃에서 열매를 맺으면서 발산하는 다양한 향기, 자연의 질감과 생기 및 색을 보면서 자신이 안전하고 편안하다고 느낀다. 그리고 이러한 식물들이 가득한 정원에서 식물을 가지고 놀이를 하고, 식물들이 가진 다양한 색을 자신의 손에 입혀 보기도 한다. 식물의 여린 잎사귀나 덜 여문 열매를 따서 먹어 보기도 하고, 식물들의 줄기나 잎을 가지고 다양한 놀이감을 만들어서 놀기도 한다. 이렇게 자란 아이들은 당당하고, 창의력이 넘치고, 상상력이 넘치는 아이들로 자라나게 된다.

그런데 도시 사회에 사는 대부분의 아이들은 이러한 자연의 것을 제대로 받아들이고, 느끼고 체험할 수 있는 공간이 없는 것이다. 우리가 거주하는 아파트나

주위 공원 어디에서나 아이들이 마음껏 드나들면서 자연스럽게 흙을 가지고 놀고, 돌과 나무, 다양한 식물을 언제든지 접할 수 있는 공간이 존재한다면, 아이들은 자연스럽게 집 안에서 컴퓨터나, 모바일 등을 가지고 놀기보다는 아침 일찍 일어나 정원으로 모두 모여서 친구들과 함께 흙, 꽃, 정원 자체를 배경으로 술래잡기를 하는 등 다양한 놀이를 정원 안에서 즐기게 될 것이다. 봄이면 다양한 꽃이 있고, 그리고 여러 종의 나무와 정원을 가로지르는 개울이 있다면 아이들에게는 더할 나위 없는 자연 속의 생생한 놀이터가 될 것이기 때문이다.

도심과 자연이 하나가 될 때

벽초지수목원

자연 속 놀이터

정원을 찾기 위해서 굳이 많은 사람들이 모이는 곳에 가지 않고 아파트 입구만 나서도 잘 조성된 정원이 주위에 가득하다면 별도로 아이들의 놀이터를 준비하지 않아도 될 것이다. 아이들의 놀이터는 정작 유치원 아동이나 더 어린 아이들 몇몇만 놀이터에 나오지, 그때가 지나가면 놀이터에 나오지 않는다. 이유는 더 이상 흥미롭지 못하기 때문이다.

우리 사회의 교육과정은 수십 년에 걸쳐 전인교육을 할 수 있는 과정으로 바뀌어 왔다. 창의력을 기르고 감수성을 높이고 자아를 성숙시키고, 자신감을 가질 우수한 인재로 키우기 위해서 수많은 재원과 노력을 쏟았다. 하지만 초고속 성장과 함께 자연을 밀어내고 그곳에 거대한 콘크리트 구조물이 대신하고 있는 이상 아무리 잘 짜여진 교육시스템이라 하더라도 더 이상 우리 교육의 문제를 근본적으로 해결하지 못할 것이다.

아이들은 학교에서 부적응과 따돌림, 일상적인 무언의 폭력에 시달리고, 고단한 삶을 살고 있는 것이다. 학교에서 겪고 있는 병폐들은 극심한 경쟁 속에서 나타나는 현상으로, 아이들에게 심각한 우울증을 동반한 정신적인 문제 그리고 심리적인 문제를 동반하는 경우가 많다. 세계에서 우리나라 청소년 자살률이 유독 높은 이유를 멀리서 찾을 필요가 없다. 아이들에게 편안함과 즐거움을 줄 수 있는 시스템이 부재하기 때문이다. 자연을 멀리하고, 인공적인 것들로 가득 채운 이 도시 사회가 이러한 문제를 일으키는 근본원인인 것이다.

우리가 거주하는 공간 속에 아이들이 창의력을 발휘할 수 있도록 가장 가까이서 흙과 돌을 만지고, 꽃을 마음껏 만질 수 있는 공간이 존재하지 않는 한 아이들에게 필요한 전인교육은 의미 없는 메아리가 될 것이다. 우리 사회가 다시 정상적인 사회가 되려면, 자연이 우리가 사는 곳에 다시 돌아와야 할 것이다. 아이들이 집을 나서면 반기는 콘크리트 바닥, 보도블록 길, 위압적인 거대한 고층 빌딩만이 있는 세상이 아닌, 집 문을 나서면 주위 공간을 지역사회 주민들이 꾸민 온갖 정원들이 즐비한 세상을 맞이한다면 아이들은 더 좋은 세상에서 살아갈 준비가 될 것이다.

서울숲

한택식물원

아이들은 계절에 따라 변화하는 자연을 일상으로 받아들이고, 다양한 색으로 활짝 핀 꽃을 보고, 정원의 향기를 매일 느끼면서, 세상을 보는 시각도 변화하게 될 것이다. 그리고 이러한 자연의 심상은 아이들에게 새로운 사고를 키우고 변화하도록 자연스럽게 만들게 될 것이다. 종

일 컴퓨터 게임이나, 모바일 기기만을 들고 다니던 아이들도 친구들과 새로운 재밋거리를 찾아 자연 속으로 들어가게 될 것이다.

우리가 사는 아파트 내 또는 근처 공동체 정원에 식물을 가꾸고 돌보기 위해 매

도심과 자연이 하나가 될 때

한택식물원

일 사람들이 정원 활동에 참여하게 되면, 이곳에 어른들을 따라서 나온 아이들도 자연스럽게 바빠지기 마련이다. 어른들을 따라서 꽃을 심고, 물주기도 하고, 어느덧 자연스럽게 흙을 가지고 놀고, 그곳에서 친구들을 만나고, 함께 이것저것 다양한 놀이를 하게 될 것이다. 날씨가 점점 따뜻해지면 다양한 식물이 사는 정원은 그 자체로 아이들에게 끊임없이 변화하는 놀이터가 되고, 자신들과 함께하는 자연을 자연스럽게 받아들이는 생활이 행복하다는 것을 느낄 수 있을 것이다.

도시 정원을 나눔의 정원으로

텃밭을 해 본 사람이라면 누구나 봄철부터 그 텃밭에 상추며, 가지, 감자, 고구마, 고추 등 다양한 작물을 심는다. 요즈음 같은 핵가족 시대에 가족 구성원이 많아 봐야 3~4명이 전부인 시대에 조그마한 텃밭이라도 가꿀 요량이면, 그 텃밭에서 나오는 수확물을 다 소화하지 못하는 것도 사실이다. 이렇다 보니, 수확물들이 남을 수밖에 없고, 이것들을 자연스럽게 이웃들에게 우리가 손수 키운 것이라 자랑하며 나눠 주는 즐거움이 배가 된다는 사실에 행복해한다.

이렇듯 텃밭 역시 서양의 개념으로 보면 키친 가든이라 하여 정원의 일종으로 분류하며, 이 정원을 통하여 이웃간 나눔을 실천하는 장이 되기도 한다. 어릴 적 할머니 댁에 갔을 때, 할머니는 여름이면 그날 텃밭에서 상추며, 가지, 오이 등 여러 가지 채소들을 한 바구니 따서 오곤 했고, 양이 많은 날이면, 이웃에 직접 따온 채소를 들고 가서는 나눠주곤 하였다.

주택 텃밭

초심과 자연이 녹거가 될 때

이렇듯 텃밭이든 정원이든 무언가를 열심히 심고 가꾸고 나면 자연은 봄, 여름의 뜨거운 햇살 아래 아주 많은 나눔을 실천할 수 있는 결과물들을 인간들에게 돌려줄 것이다. 텃밭을 가꿔 본 사람들은 자연스럽게 나눔을 실천할 수 있는 일이 가장 큰 기쁨이라고 생각한다. 그래서 대안학교 및 농촌에 있는 학교 등에서 학생들이 텃밭 정원을 가꾸고, 어린 농사꾼이 직접 농작물을 심고, 가꾸어 이 결과물이 다시 학생들의 식사 때 재료로 쓰이고, 가을걷이를 하는 날에는 학교 전체가 축제의 장이 된다고 한다. 이런 학교의 학생들은 텃밭 가꾸기를 통하여 함께 일하고, 나눔을 실천하는 것을 자연스럽게 배우게 될 것이다.

커뮤니티 가든 – 미국

우리 속담에 "콩 한 조각이라도 나눈다"라는 속담이 있다. 우리의 전통 사회는 나눔의 실천에 가장 익숙해 있었고, 농사를 짓고, 텃밭을 가꾸고 하면서, 그곳에서 나오는 생산물에 대해서 항상 나눔을 실천하는 것이 우리 사회의 큰 미덕이었고, 전통이었다. 우리 도시 사회 내에서는 나눔을 실천하지 않기 때문에 옆집에 누가 사는지, 어떻게 살아가는지에 대해서 서로 무관심으로 일관하고, 서로 관심을 가지는 것에 대해서 오히려 부담을 가지는 사회에 살고 있다.

지역사회에서 나눔은 구호로만 실천할 수 있는 것은 아니다. 그러나 사회 환경의 배경이 나눔을 실천할 수 있는 구조를 배척하고 철저한 개인주의적 성향의 팽배와 개인들의 독립된 주거 개체화에 따라서 서로에 대해서 무관심해지고, 더 이상 이웃과 무엇을 나누는 행위를 하려고 하면 서로에 대한 프라이버시 침해라고 여길 정도로 사회가 각박해져 있다. 이는 도시사회 구성원들이 스스로의 노동력을 통한 잉여 생산물을 생산할 수 있는 행위를 할 수 없기 때문이다. 우리 주위에 활용할 수 있는 조그마한 공동체 텃밭에 고추 한 그루, 상추 한 포기라도 심을 환경이 조성된다면, 자연은 흙과 물, 그리고 공기, 따뜻한 햇살을 더해서 풍성한 식탁을 만들어 줄 것임에 틀림없다.

주택 텃밭 정원

주택 텃밭 정원

공동체가 관리하는 정원이든 개인이 관리하는 정원이든 공동주거 공간 속에 텃밭 정원의 존재는 우리네 도시 사회에서 가장 현실적으로 필요한 시설일 것이다. 이런 정원들을 통하여 사람들은 주말이나 시간이 날 때마다 정원을 돌보며 다양한 지역사회 구성원들과 친분을 쌓고, 거둬들인 수확물을 나누고, 그 기쁨을 함께할 수 있는 것이다. 나눔은 남녀노소 누구든 관계없이 함께할 수 있는 즐거움이다. 이는 곧 지역사회에서 가까운 사람부터 소외되고, 함께하기 어려운 이웃에게도 아주 쉽게 나눔을 실천할 수 있는 분명한 계기가 될 것이 틀림없다.

봄에 파종을 한 텃밭 정원은 여름에 다양하고 풍성한 볼거리와 함께 정원을 가꾸는 모든 이들에게 즐거움과 뿌듯함을 안겨줄 것이다. 정원 가득한 잡초들 또한 한여름에 어울리게 왕성한 성장을 자랑하고, 토마토, 오이, 감자, 상추, 딸기, 고추, 옥수수 등 다양한 채소를 텃밭에서 키울 수 있다. 또한 식물들이 풍성하게 자라고, 꽃을 피우고, 열매가 맺히고, 하루가 다르게 자그마한 열매들이 쑥쑥 자라 익어가는 모습을 볼 수 있을 것이다.

작은 씨앗이 흙과 물 그리고 태양빛을 받아서 꽃을 피우고 열매를 맺는 일은, 단순한 생명의 순환 속에서 일어나는 일이지만, 가까이서 지켜보는 이로 하여금 감탄과 감동을 절로 안겨 주는 일일 것이다. 이러한 감동적인 경험의 결과물을 당연히 이웃과 나누고자 할 것이며, 그 결과물을 통하여 이야깃거리를 만들어 갈 수 있을 것이다. 그리고 이러한 나눔의 장을 통하여, 이웃과 소통의 문이 열리고, 서로 고립된 섬처럼 살았던 주거 공간이 진정한 공동체 주거 공간으로 서로 인사하고, 서로 대화하고 살아가는 공간으로 다시 태어나게 되는 효과를 기대할 수 있다.

우리 사회가 고도화되고, 도시의 모든 땅은 이미 누군가의 소유이거나, 나머지는 도시계획에 따라 공동으로 이용하는 땅이 대부분이다. 그나마 도시의 가장 큰 주거 형태인 아파트로 대표되는 공간은 다수가 땅을 공동으로 소유하고 있는 형태이다. 그렇기 때문에 공동체가 공동 소유인 땅을 관리하고, 그 땅의 실질적인 활용을 높이는 정원을 만들고 가꿀 수 있는 토대가 될 수 있을 것이다.

IV

함께하는 원예 활동

✖
함께하는 원예 활동은
즐거움이고 행복이다

우리 사회 원예 및 원예 활동과 관련된 일에 종사하는 모든 사람들은 일반 사람들에게 원예가 곧 생활의 기쁨이며, 즐거움이라는 사상을 퍼트려려 한다는 중요한 사명감으로 활동을 해 나가야 할 것이다. 일반인들이 원예에 대해 즐거움과 행복함, 녹색에 둘러싸일 때 느끼는 편안함, 원예가 예전의 농사처럼 힘들지 않고, 충분한 휴식과, 건강한 노동이 될 수 있음을 먼저 알게 해 주어야 할 것이다.

체험 프로그램처럼 사람들에게 쉽게 다가가는 것은 없을 것이다. 가볍게 커뮤니티에 가입하고, 몇 시간 사람들과 떠들고 놀면서 그날의 과제를 훌륭히 완수할 수 있다면 이보다 더 즐거운 일이 어디 있겠는가? 공동체 커뮤니티에 주인의식을 가지고 참여하고 활동하면 더욱더 바람직한 일이 될 것이다.

아침고요수목원

원예를 직업으로 하고, 그 직업을 통해서 생계를 이어가야 하는 사람들도 있겠지만, 그 외 보통 사람들은 이전에 어떠한 원예 활동도 제대로 해 본 기억이 없을 것이다. 어릴 적 부모님을 도와 농사일을 해 본 경험이 있거나, 도시에서 텃밭을 오랫동안 가꾼 경험이 있는 사람도 전원생활을 목표로 시골에 내려갔다가, 오히려 시골의 힘든 농촌 생활, 점점 불어나는 농사일에 전원생활을 포기하고 역으로 다시 도시로 돌아오는 경우가 종종 있다고 한다. 결국, 농촌 사회의 공동체 커뮤니티에 녹아들지 못하고, 원주민들과의 괴리감으로 인하여 귀농한 사람들이 다시 도시로 돌아오게 되는 것이다. 물론 잘 준비한 성공적 귀농으로 지역 사회에 뿌리내린 사람들 또한 많이 있는 것도 사실이다.

서울숲

하지만 도시 내에서 함께하는 원예를 시작하게 된다면, 그들이 가지는 공통적인 인식과 경험들, 그리고 비슷한 환경과 정신적 상태 등이 이들을 급격하게 공통분모로 이끌 것이다. 또한 이러한 공통분모를 통하여 지역 공동체의 원예 프로젝트에 참여하게 되고, 함께하는 즐거움에 대해서 알아가게 되리라는 이점이 있다. 힘들지 않은 일이어도 다 함께 그날의 원예 과제를 수행하면서 이들은 새롭게 도시 농부로 태어날 수도 있고, 도시 정원을 만들어 가는 재원이 될 수도 있는 것

이다. 공동체 커뮤니티에 참여한 많은 사람들이 이 기쁜 작업을 함께 해 나가면서 또 다른 행복을 찾게 될 것이다.

우리 사회는 고령사회로 진입했다. 베이비붐 시대에 태어난 많은 사람들이 현재 정년퇴직 이후 노년 생활에 대한 여러가지 문제점에 직면해 있다. 대표적인 문제점은 건강, 재산, 기대수명, 그리고 경제적 측면에서 퇴직 후 노동력 상실로 인한 자존감 상실, 고독, 빈곤화 등이다. 사회적 측면에서 베이비붐 시대에 많은 이들이 동시에 출산하게 되었고, 이들이 동

도심과 자연이 하나가 될 때

시에 고령사회에 진입하면서, 국민연금 수혜 연령을 늦추는 등 각종 사회복지와 연계한 문제점에 직면한 것도 사실이다. 이미 농촌 사회에서는 70세 이전은 청년이라고 할 정도의 위치에 와 있고, 노인이라고 하면 80세를 넘어야 노인 대접을 받을 정도로 고령사회로 진입하고 있다.

도시 사회 역시, 노인들만 사는 세대가 점점 늘어나고, 그들은 할 일 없이 도시 사회를 그림자처럼 떠돌고 있다. 어느덧 오전 출근 시간이 지난 9시 이후 우리의 지하철은 무표정한 무임승차 노인들이 대부분의 자리를 차지하고 어딘가로 이동한다고 한다. 이들은 낮에 집에 있기도 무료하며, 나가서도 정처 없이 떠돌고 무의미하게 왔다 갔다 하는 시간을 보낸다고 한다.

이러한 환경에 있는 많은 사람들이 매일 지역 공동체 원예 활동 프로그램에 참여하게 된다면 지역사회에서의 변화가 상당 부분 시작될 수 있을 것이다. 노인이 되면서, 자신감도 떨어지고, 육체적 기능도 많이 떨어지지만, 매일 참여하는 원예 프로젝트에서만은 할 일을 충분히 할 수 있고, 그 속에서 웃음이 가득한 남녀노소 누구나 함께 할 수 있는 즐거움이 있어서 더욱 기쁠 수밖에 없다. 이러한 것은 원예 활동을 참여하기 전까지는 이제껏 찾을 수 없는 것이다.

안성팜랜드

원예 활동 커뮤니티를 만들고
활성화시키자

지역사회 커뮤니티 가든이 자리 잡기 위해서는 지역의 커뮤니티 가든을 만들고 가꾸고 돌보는 시스템 속에 함께할 구성원이 절대적으로 가장 중요한 요소이다. 물론 공공 행정 주도로 모든 것이 이루어질 수도 있겠지만, 방대한 인력과 예산, 그리고 기존의 공원과도 같은 시설로 전락하게 될 수도 있기 때문에 지역사회의 공동체 정원이나, 거주지 안에 있는 정원시스템을 함께 가꾸고 돌보는 사람들의 주체가 명확해져야 할 필요성이 있다.

이러한 공동체 정원을 함께 만들고 가꾸고, 나눔을 실천할 수 있는 그룹들을 편성하고, 함께 토의하고 발전시켜 나갈 수 있는 원예 커뮤니티 등이 활발하게 활성화되어야 하는 이유이다.

원예 커뮤니티란, 다양한 의미에서 해석될 수 있으나, 정원을 개발하고, 가꾸

여기산 커뮤니티가든

도심과 자연이 하나가 될 때

고, 관리하는 것에 대하여 서로 협력하여 목적을 달성하고자 하는 단체 또는 그룹이라고 정의할 수 있다. 서로 협력하여, 법제화를 위한 운동도 진행하여야 하고, 기존의 협회와, 전문가집단 등과도 교류가 상당히 이루어져야 할 것이다.

원예 커뮤니티는 지역적으로 소규모 형태로 구성될 수도 있고, 지방자치단체 차원으로 수천 명이 참여하는 커뮤니티 그룹으로 성장할 수도 있을 것이다. 이런 다양하고 유연한 형태의 원예 커뮤니티 활동은 도시 원예의 기본적인 인프라의 형성에 크나큰 줄기가 될 것이다. 이들은 거대한 강물과 같아서 도시 정원을 꾸미고 형성하고 그 필요성을 뒷받침하는 토대가 될 것이다.

도시 커뮤니티 가든이 진정한 도시민들의 삶 속으로 들어가려면 이러한 각종 원예 커뮤니티가 그 중심에 있어야 한다. 조직된 원예 커뮤니티는 아래로부터 그 집단의 욕구와 요구사항들이 지방자치 행정조직에 반영되기를 원할 것이고, 그들의 집단 욕구가 실현되기를 바랄 것이다.

지방 행정조직은 원예 커뮤니티들의 집단 요구사항이 사회적으로 점점 커진다면 이들의 요구를 반영하기 위하여 전담할 담당자를 둘 것이고, 전문가의 조언을 받아들일 창구를 만들게 될 것이다. 그들과 함께 머리를 맞대고 프로그램을 기획할 전담 부서를 만들고 업무를 수행할 것이다. 이러한 행정적인 도움을 받은 원예 커뮤니티는 더욱 발전된 형태로 자리를 잡을 수 있다.

도시의 원예 커뮤니티는 작게는 공동체 거주지역을 중심으로 하는 커뮤니티, 즉 아파트나 공동체 주택 내에서 새롭게 만들어지고 있는 공동체 텃밭이나, 정원들을 관리하는 커뮤니티에서 시작하여, 크게는, 그 정원을 부분적으로 하는 커뮤니티, 각 세대별, 그룹별로 프로그램을 진행하는 커뮤니티를 포함하고, 도시 정원 내에서 식물의 다양성을 확보하고, 커뮤니티 가든을 중심으로 더욱 사람들을 즐겁고 행복하게 할 수 있는지에 대해 연구하는 등 다양한 형태로 발전할 수 있는 것이다.

지역사회 녹지 공원 내에 큰 규모의 공동체 정원을 만들고 가꾸어 나가는 데 있어 원예 커뮤니티가 주체가 될 수 있다. 커뮤니티가 중심이 되어 만들어가는 정원은 우리 사회의 지속가능한 형태로 자리를 잡는 것을 의미한다. 커뮤니티가 중심이 되는 정원을 만든다는 것은 도시 정원에 대한 새로운 패러다임을 형성하는 것이다. 이러한 패러다임은 공동체 정원을 만들고 식물을 가꾸고 하는 것이 개인의 일이 아니라 우리 사회 공동체의 일이며, 공공의 자산을 지속가능한 사회적 자산으로 만드는 것이다.

정원 커뮤니티의 중심에는 원예협회, 원예치료사협회 등 기존에 전국적인 조직을 갖춘 커뮤니티뿐만 아니라, 지역사회에 새롭게 만들어지는 조직들 역시 도시 정원이라

평창보타닉가든

는 새로운 형태의 공간으로 집결할 수 있는 다양한 커뮤니티들이 존재할 수 있다. 초록의 정원은 이렇게 사람을 강하게 끌어당기는 힘을 가지고, 개개인이 뿔뿔이 흩어져 각자의 삶이 연관됨 없는 상태에서, 우리가 살아가는 도시를 아름답게 만

들어가는 새로운 형태의 공간을 창조하고, 주인의식을 가지고 살아갈 수 있도록 만들어 준다.

커뮤니티 가든 프로그램을 실행하고, 정원을 만드는 과정에 정원 활동을 하는 주체들이 그 활동의 대가로 임금을 받는 행위들이 중심이 되어 버린다면 커뮤니티 가든의 진정성은 훼손될 것이다. 그렇기 때문에 커뮤니티 정원 프로그램을 실행함에 있어서, 거의 모든 일들을 참여하는 주체들 스스로 자발적인 참여에 의해서 작업이 이루어지도록 하여야만 한다.

프로그램 초기 몇 년간은 삐걱거리고, 전문가들처럼 잘 꾸며진 정원이 즉각적으로 만들어지고 활용되는 것은 아닐 것이다. 하지만 시행 초기에 불협화음이나, 삐걱거림은 시간이 흐르고, 계절이 바뀌면서, 정원사, 정원디자이너, 원예치료사 등 전문가들이 함께 참여하고, 커뮤니티 안에서 토론하고 철학을 가진, 생각하게 하는 정원들이 우리 주위에 하나둘 자리 잡게 될 것이다. 이러한 커뮤니티의 힘은 진정 우리가 원하고 바라던 형태의 정원을 만들어가는 데 가장 핵심이 될 수 있다.

거주지 주변에 휴식이 필요할 때 편안히 휴식을 취할 수 있는 정원이 하나둘 자리 잡을 수 있다면, 지역사회 주민들은

아침고요수목원

자신들이 만든 정원에서 편안한 휴식과 행복을 찾을 수 있을 것이다. 이러한 정원의 공간을 만들어 관리하는 중심에 지역 공동체 원예 커뮤니티가 중심이 되어야 한다. 이들 커뮤니티의 문은 항상 열려 있어, 지역사회 누구나 그 일원으로 참여할 수 있으며, 함께 정원으로 나아가 활동을 시작할 수 있는 그런 커뮤니티가 되어야 한다. 이러한 커뮤니티는 강제된 형태가 되어서는 아니 되며, 누구나 자발적인 참여, 자유로운 참여 활동이 보장되어야 할 것이다.

커뮤니티는 사람들을 이어주는 가교 구실을 수행한다. 그리고 사람들이 서로에게 동일한 집단에 속해 있음을 인지할 수 있게 하고, 소속감을 가지게 하며, 집단 구성원으로서 안정감을 느끼게 해 주는 것이다. 우리 개인은 각자 집단에 속해 있으며 크게는 국가나 지역사회의 구성원으로 의무와 책임을 다하는 데 큰 자부심을 느끼면서 살아간다.

도심과 자연이 하나가 될 때

원예 활동에 있어서도, 개인이 정원을 가꾸려고 한다면, 금전적인 환경이나, 개인의 능력, 그리고 육체적 능력에 크게 좌우되어 원예 활동을 성공적으로 이끌 수 없다. 하지만 집단을 이룬 원예 커뮤니티가 중심이 되면, 시간이 지나도 변함없이 활동을 할 수 있을 것이고, 이러한 작업은 지역 사회의 성공적인 활동으로 이어지게 될 것이다.

미국에서는 1980년대부터, 공동체 정원에 시민들이 참여할 수 있는 각종 원예 커뮤니티를 만들어서 적극적으로 시민참여 주도형 정원을 만들었다. 시민들이 자율적으로 참여하고, 함께 가꾸는 커뮤니티를 통하여 오늘날의 수많은 아름다운 정원을 시민들의 품에 안겨줄 수 있었던 것이다. 미국의 여러 행정부 안에 원예부서와 원예치료부서 등을 통합하고, 시민들이 참여하는 원예 커뮤니티를 적극적으로 지원하고 있다. 지역에 있는 원예협회, 원예치료협회 그리고 정원사, 식물학자 등 다양한 사람들이 함께 할 수 있는 커뮤니티를 활성화시키고, 그들의 의견

을 받아들여 지속적으로 정원을 가꾸는 데 지금까지 함께 하고 있다.

영국에는 전국에 약 30만 개의 지역사회 커뮤니티 가든이 있으며, 이들 정원의 중심에는 지역 정원 커뮤니티가 있다. 시민들은 국가와 지방정부에 더 많은 커뮤니티 가든을 요구하고, 정부에서는 더 많은 커뮤니티 가든을 확보하기 위해서 법률적, 행정적 지원을 아끼지 않는 국가로 유명하다. 커뮤니티 가든을 통하여 식물종의 확보와 관리, 도시재생, 식물 생태계, 교육, 환경오염, 예방 관광까지 새로운 지역문화의 중심에 원예활동과 원예 커뮤니티가 있다.

우리 사회 역시 원예 선진국이 수십 년 동안 발전시킨 노하우를 연구하고, 우리의 실정에 맞는 도시 원예 프로그램을 개발하여야 할 것이다. 또한 커뮤니티 가든 활성화를 위한 사회적 논의와 법적인 뒷받침 등이 수행되어야 할 것이다.

도심과 자연이 하나가 될 때

✖

원예 활동 커뮤니티의
발전과 과제

원예 커뮤니티는 그 지역사회, 문화, 정치적 생태계 구축을 필요로 한다. 원예 커뮤니티가, 도시 사회 내에서 제대로 자리 잡기 위해서는 다양한 인적 네트워크의 연결과 커뮤니티 간의 네트워크 확장 역시 필요하다. 커뮤니티 프로그램은 특정인에 의해서 기획되고 강제된 프로그램이 아니라, 시민들의 자발적인 참여와 오래 시간에 의해서 만들어지고 성취해 나가는 프로그램을 의미한다. 원예 커뮤니티는 지역 공동체의 정원에 대한 욕구 및 이해를 성취해가는 단계에서의 큰 틀을 합의하는 과정에서 필수적인 네트워크이다.

커뮤니티 가든

원예 커뮤니티는 기본적으로 식물을 매개로 하는 인적 네트워크로 구성되지만, 도시에 살아가는 도시민들이 좀 더 인간적인 질 높은 삶을 살고자 하는 욕망과 함께 발전한다. 원예 커뮤니티는 다양한 형태로 발전하여야만 하는 것이다. 하나의 커뮤니티에서 모든 다양한 실험적 목적 및 집단의 욕망을 성취할 수 없을 뿐만 아니라, 한두 개의 커뮤니티 내에서 다양한 욕구 모두를 충족시킬 수도 없기 때문이다.

커뮤니티 그룹들이 발전할수록 더욱 많은 다양한 원예 커뮤니티들이 만들어지고 그들의 집단 욕구 충족을 위해서 스스로 이합집산을 거듭할 수도 있을 것이다. 또는 특정 원예 프로젝트를 위해서 서로 협력하거나, 또는 독점하기 위해 서로 경합을 벌일 수도 있을 것이다. 이러한 현상은 좁은 땅에서 다양한 욕구 실현을 위해서는 어쩔 수 없는 과정이 될 것이다.

다양한 목적의 원예 커뮤니티가 발생하고, 이들의 욕구 충족과 그 과정에서 반드시 행정조직과의 합의가 필요하다. 그러므로 중앙정부 및 지방정부에서는 이들 원예 커뮤니티를 등록하고 이들이 하는 사업의 목적 그리고 이들이 만들어가는 정원 및 땅에 대한 정보를 데이터화하고 관리, 지원하는 정책을 만들어가야 할 것이다. 이 과정에 외국의 사례와 같이 중앙정부이든 지방정부이든 이들을 직접적으로 관리하고 지원하는 부서가 반드시 존재하여야 하는 것은 우리 사회의 당면한 과제이다.

대부분 국가 수도의 경우는 빌딩이 가득 들어찬 도심에 있는 한 평의 땅이라도 어마어마한 가치를 지닌다. 하지만 빌딩과 콘크리트가 가득 찬 지역일지라도 그곳에서 활동하는 다양한 커뮤니티가 존재한다면 자투리 땅 1평이라도 그들이 직접 식물을 심고 관리를 하게 될 것이다. 이들은 그 지역에 기반을 두고, 콘크리트 사이 버려진 공간을 찾아내고 그들이 설계한 각종 화초, 식물 및 나무들을 새롭게 심고, 자신들의 커뮤니티 이름을 표지판으로 모든 사람들이 알아볼 수 있게 설치할 것이다.

이렇게 커뮤니티 그룹들은 그들이 가꾸고 관리하는 커뮤니티 가든에 대해서 대단한 자부심을 가지고 있다. 풀 한 포기 제대로 자라지 못하는 도심 한복판에 이렇듯 예쁘게 식물들을 가꾸는 일을 해도 누군가 보상을 해주는 것도 아니고, 오히려 커뮤니티에 회비를 내야 하지만,

송도 이음텃밭

그러면서도 이런 일들을 수행하는 것이 그들의 새로운 원예 문화인 것이다.

우리 사회도 각 지방자치단체를 기준으로 기존의 정형화된 틀을 벗어나 지역사회 주민들이 보는 정원에서 이제는 가꾸는 정원으로의 패러다임이 변화하는 시점에 있다. 커뮤니티 가든을 만들고 가꾸어야 한다는 것은 원론적 합의에 의해서 인식은 하고 있지만, 지역사회 시민들이 커뮤니티 가든에 주인의식을 가지고, 스스로 만들고 가꾸어 나가는 과정까지

는 아직 정착하지 못하고 있는 실정이다.

이러한 사회 저변에 커뮤니티 가든에 대한 활발한 논의가 진행되고 있고, 선구자적인 그룹에서는 원예 커뮤니티를 만들고, 목적과 방향성을 설정하고, 실험적으로 커뮤니티 가든을 개척하여 나가는 움직임이 서서히 꿈틀대고 있다. 그리고 정부 산하기관을 통하여 정책적으로 지원하기 위한 활발한 논의도 진행되고 있다. 그럼에도 불구하고 이러한 시민 자발적인 원예 커뮤니티가 아직 우리 사회에

서는 출발선상에도 제대로 서 있지 못한 것 또한 현실이기도 하다.

다양한 외국 원예 선진국의 사례를 중심으로 연구하고, 우리 사회에 적합한 모델들을 연구하고 있기는 하나, 도시 사회에 거주하는 시민들에게 일반적인 모습으로는 여전히 다가가지 못하고 있다. 지금껏 보여 주기식 정원 및 공원으로 만들어져 있는 우리 사회의 정원문화가 지역사회 주민들이 자발적으로 만들고 가꾸는 참여형 정원이 필요하고 그렇게 발전해야 한다는 인식의 대변환이 절실히 필요하다.

이러한 인식의 대변환은 지역사회, 그리고 시민들이 거주하는 공동체 주택을 중심으로 원예 커뮤니티가 만들어지고, 텃밭 정원이든, 미학적으로 아름다운 정원이든, 자신들이 거주하는 지역을 중심으로 정원이 만들어지는 결과를 낳는다. 이 정원을 통해 목적의식과 아름다움을 추구하게 되고, 도시 사회에서 살아가는 모든 이에게 삶의 질과 안정감을 높여줄 것이다. 궁극적으로 공동체가 주도하는 원예 활동은 사회의 공동체 의식을 높이

송도 이음텃밭

도심과 자연이 하나가 될 때

고, 행복한 삶을 살아가는 데 있어 반드시 필요한 일이 되는 것이다.

원예 커뮤니티가 활성화되려면 법적, 제도적, 그리고 관습적으로 지역 사회에 정원을 가질 수 있다는 시민 권리에 대한 인식의 전환이 필요할 것이다. 일정 정도의 지역사회 또는 시민들의 합의에 의해서 만들어지는 원예 커뮤니티가, 자신들이 만들어가고자 하는 커뮤니티 가든의 특성을 정의해야 한다. 그리고 필요한 만큼의 정원 부지에 대해서, 일반적인 부지 기증자나, 또는 공동체가 소유하고 있는 빌딩 사이의 자투리 공간을 쉽게 활용할 수 있도록 제도적인 정비가 선행되어야 할 것이다.

현재 우리 사회는 원예 커뮤니티 단체가 공동체 정원 또는 커뮤니티 정원을 만들고 활용할 수 있는 방법이 쉽지만은 않다. 예를 들어 공동 아파트 내에 원예 커뮤니티를 만들어 아파트 내에서 실험적으로 텃밭 정원을 만든다고 가정해보자. 먼저 아파트 측에 정원에 필요한 부지를 요구해야 할 것이다. 이런 요구를 받아 입주민 대표 회의에서 이러한 안건의 통과 및 전체 주민의 합의를 얻어내는 과정을 거쳐 공동체 아파트의 녹지 공간 일부를 새로운 정원으로 만들기까지는 수많은 난관과 어려움에 봉착할 수밖에 없을 것이다. 또한 지방자치단체에서 관리하는 도로 주변이나, 기타 공간 역시 도로와 관계된 기관에서 이러한 자투리 땅에 농작물을 경작하거나, 꽃을 심거나 하는 행위에 대해서 불편해할뿐더러 제도적으로 이것을 허가할 수도 없을 것이다.

우리 사회는 여전히 개인들이나 특수한 집단이 도로 옆 공터에 꽃을 심거나, 농작물을 경작하는 행위 자체에 대해서 거부감을 가지고 있다. 아주 심한 경우에는 법률에 위배되는 행위이기 때문에 지방정부의 허가 없이 원예 커뮤니티를 하였을 경우에는 법률 위반으로 인하여 처벌을 받을 수도 있다. 그렇기 때문에 공동체 정원이나, 커뮤니티 정원을 쉽게 만들고 가꾸고 할 수 있는 제반 제도적 개선이 절실하다. 그리고 제도적인 장치가 우선 이루어진 후에, 지역사회 및 지방정부 차원에서 원예 커뮤니티를 등록하고 관리 지원할 수 있는 담당 부서가 우선 만들어지고 난 후에나 활성화가 가능할 것으로 보인다.

위와 같은 과정을 거쳐 시민들에게 법률적 지원이 가능하다고 한다면 빠른 시일 내에 수많은 원예 커뮤니티가 만들어지고, 삶을 풍족하게 해줄 다양한 아름다운 식물들이 우리 주위 새로운 정원에 뿌리를 내릴 수 있을 것이다. 우리 사회는 세계적으로 녹지 비율이 높은 국가임에도 불구하고 도시는 상상 이상으로 회색빛 도시이고, 여전히 자연과 멀리 있는 국가이기도 하다. 정책적인 뒷받침 없이는 도시 내에 아름다움을 만끽하는 자연을 끌어들이는 일이 아주 어려운 문제가 될 것이 뻔하다는 것은 누구나 알 수 있는 사실이다.

지역사회 주민들이 언제든지 참여하여 함께 가꾸는 개념의 정원은 거의 존재하지 않는 아픈 현실에 비추어서 생각하면, 이러한 원예 커뮤니티의 활성방안에 대한 합의를 이끌어내고 실천하는 것이야말로 우리의 미래 사회를 위해서 빠른 시일 내에 실행되어야 할 과제이기도 하다.

여기산 커뮤니티가든

미래를 준비하는
원예 커뮤니티

우리의 사회는 현대 문명의 집합체로 빠른 경제성장과 더불어 초고속 발전을 이룩한 사회의 전형적인 모습을 보이고 있다. 개인은 섬처럼 고립되고, 자연은 사회에 발을 디디지 못하고, 가로수나 지역 곳곳에 흩어져 있는 녹지들 역시 도시에 살아가는 사람들과 마찬가지로 고립되고 흩어져 있는 것처럼 보인다.

이러한 우리의 현실을 비추어 미래를 위해 지금 변하지 않으면 우리의 미래는 암울할 수밖에 없다. 지금이라도 우리 사회의 행복한 미래를 위해서 원예 커뮤니티를 활성화하고 다양하게 활동할 수 있는 토양을 만들어 주어야만 한다. 이기적인 인간의 욕망과 환락, 퇴폐가 가득한 도시, 인간미가 사라진 도시 사회 구조를

남도꽃정원

동화마을수목원

도심과 자연이 하나가 될 때

극복하고, 우리 사회가 건전해지고, 인간이 편안한 휴식을 취할 수 있는 환경을 조성하고, 자연이 도시에서 숨을 쉴수 있도록 하기 위해 다시 자연이 자리잡을 수 있는 공간을 만들어야 한다. 즉, 우리 사회가 도심 속에 자연을 끌어들이고 가꿀 수 있도록 하여야 한다.

우리의 미래는 거대 도시화, 산업화로의 가속화는 피할 수 없을 것이다. 우리 사회의 주요 산업 구조의 핵심은 대기업을 중심으로 구조화되고, 대부분의 사람들은 이러한 대기업을 중심으로 한 도시 사회 속에서 살아갈 수밖에 없다. 도시민들은 고층 아파트를 넘어서 초고층 공동주택으로 발전된 거주지역에서 물질적 풍요 속에 살지만 아이러니하게 정신적인 빈곤 속에 살아갈 것이다. 그러한 결과로 수많은 황폐한 도시의 삶에 불행과, 정신적으로 불안정 한 삶을 살아갈 수밖에 없다. 초고층 빌딩들이 많이 생기면 생길수록 도시는 고층빌딩에 비례하여, 자연이 자리잡는 공간이 작아질 수밖에 없기 때문이다.

이러한 역설적인 상황은 인간이 자연을 가까이하지 않고 자연을 저버린 삶에 대하여 혹독한 대가를 치르게 할지도 모른다. 우리 사회는 인간이 살아가는 자리에 자연을 회복시키는 작업을 진행하여야 할 것이다. 따라서 도시재생사업, 도시 정원 활성화 사업, 도시 원예, 도시농업 등 많은 프로젝트의 이름들이 활발하게 토의되는 것도 이러한 인간적인 삶의 회복이라는 테두리 안에서 진행되는 것임을 알 수 있다.

우리가 살아가는 지역 사회에 있는 공원 또는 정원, 다양한 형태의 녹지들은 대부분 경관을 위한 소품 정도로 취급된다. 하지만 주민들이 진정 휴식을 취하고 치유가 되는 공간, 녹지 한쪽에 사람들이 먹을 수 있는 채소를 키울 수도 있고, 과일나무 한 그루 심을 수도 있는 그런 진정한 사람들의 정원이 절실하게 필요한 시점이다.

누구나 접근 가능하고, 언제든지 휴식을 취할 수 있는 정원을 만들고 가꾸고 더욱 발전시켜야 함은 당연한 것이다. 이것은 원예 커뮤니티에 가장 중요한 핵심적인 부분이 될 수밖에 없을 것이다. 이제는 더 이상 늦추거나 미뤄서는 안 되는

커뮤니티 가든 – 미국

도심과 자연이 하나가 될 때

커뮤니티 가든 – 미국

일 중에 하나가 원예 커뮤니티의 활성화이다. 지역사회를 중심으로 도시를 중심으로 다양한 목적을 가지는 다양한 형태의 원예 커뮤니티가 만들어지고, 이들이 추구하는 바를 도시 사회 및 지방정부에서 적극 수용하여, 함께 할 수 있는 정원을 하나둘 개발해 나가는 것이 선행되어야 할 과제이다.

원예 커뮤니티는 커뮤니티 가든 즉 공동체 정원을 만들고 가꾸고 관리하는 기본적인 단위이므로, 이에 대한 제도적인 뒷받침만 이루어진다면 빠른 시일 내에 우리 사회의 정원 및 원예 분야에 있어서 중심이 될 수 있을 것이다. 회색빛 도시에 색을 칠하고, 생명이 없는 도시에 생명을 불어넣는 작업은 결국 그 도시에 살아가는 사람들이 중심이 되어야만 성공적인 작업이 될 것이다.

기존의 공원이 있고 녹지가 있는데 왜 이런 작업이 필요하냐고 말한다면, 기존의 녹지나 공원의 모든 나무, 풀 한 포기까지 지역사회 주민들이나 시민들이 마음대로 없애거나, 새롭게 심거나, 먹을 수 있는 채소들을 심는 등의 행위를 할 수 없으며 심하게는 위법한 행위로 간주되어 처벌받을 수도 있는 게 우리의 현실이다.

그렇다고 누구든지 알아서 하라고 하는 것 역시 말이 되지 않는 것이다. 원예에 대해서 동일 목적을 가지는 사람들이 원예 커뮤니티를 만들고 도시의 녹지 공간이나 공원, 아파트의 공터 등을 활용하여 정원을 만들고 가꾸어 가도록 해야 한다. 이러한 원예 커뮤니티의 구성원은 당연히 지역사회 주민들이 될 것이며, 결국에는 시민들이 주도적으로 참여하는 커뮤니티이기 때문이다.

이러한 커뮤니티 그룹은 지역사회의 주민들에게 열려 있는 창구가 되고, 이 창구를 통하여 지역사회 주민들은 자기들만의 정원을 가꾸고, 정원 활동을 할 수 있게 된다. 이러한 것이 우리 사회에 제대로만 정착이 되게 된다면 지금까지 멀리만 떨어져 있다고 생각되었던 정원이 우리의 삶 깊숙이 침투할 수 있게 될 것이다.

도심과 자연이 하나가 될 때

정원 활동의 유익성은 수많은 관련 논문이나 학자들의 관련 연구에 의하면 수도 없이 많다. 미국의 대도시에서는 커뮤니티 가든을 통하여 도시의 많은 병폐들을 수정하려고 노력해왔고, 국가적인 차원에서 커뮤니티 가든을 시민들에게 참여하도록 장려하고 있는 실정이다. 큰 규모의 정원에서는 다양한 원예 커뮤니티를 만들어 운영하고, 이 원예 커뮤니티를 통하여 다양한 교육적, 생산적 원예치료 프로그램을 수행하기도 한다.

원예는 아이들부터 노인까지 누구나 쉽게 함께할 수 있으며, 여가시간을 다양한 삶의 체험과, 생산적인 일들로 채울 수 있게 한다. 원예를 통하여 나눔의 기쁨과 더 나아가 사회적 심리적인 치료 효과까지 가져올 수 있는 일이기 때문에, 식물과 가까이 지내지 못하는 도시민들에게 가장 필요한 것은 일상적인 원예 활동일 것이다.

커뮤니티 가든 - 미국

　　지역사회의 정부는 도시 공간을 도시민들이 직접 가꾸고 돌볼 수 있도록 개방하여야 한다. 개개인이 아닌 지역사회에 기반을 둔 원예 커뮤니티에 도시 공간을 개방하고, 이들이 1년의 성과를 기록하고, 체크하도록 하여, 원예 커뮤니티의 활동 정도, 1주에 몇 시간 정도 원예활동을 하는지, 활동에 참여하는 인원수는 몇 명인지 등을 정확하게 기록하도록 하여야 한다.

　　주어진 공간에 1년 동안 어떠한 형태의 식물을 심고 가꾸어 왔는지에 대한

도심과 자연이 하나가 될 때

기록도 당연히 병행되어야 할 것이다. 또한 정원 활동 등을 종합적으로 평가하고, 평가에 따라서 그 이후 연도에 추가적인 공간을 지원할지 등에 대해서도 평가하고 관리하면 된다. 그리고 커뮤니티가 만들어진 목적에, 정원이 목표했던 것에 대한 달성도 또한 조사하고 기록하고 관리하도록 한다.

만약 어떤 원예 커뮤니티의 경우 공간을 확보한 이후에 전혀 활동을 하지 않는 등 규정에 미달하게 된다면, 원예 커뮤니티에 할당했던 공간은 즉시 회수하여, 타 커뮤니티에서 관리 운영하도록 하면 될 것이다.

양평들꽃수목원

시흥 갯벌생태공원

V
실천 원예치료 프로그램

✖

아이들을 위한 프로그램

초등학교의 많은 학교에서 원예 관련 수업을 진행 중이거나, 학교 정규 커리큘럼에 포함된 과정 중에 식물 키우기 등의 과제가 있을 것이다. 대안학교를 중심으로 조금 더 규모가 있는 원예 관련, 즉 텃밭 식물 키우기 과정을 진행하고 있는 학교도 있는 것으로 알려져 있다. 하지만 대다수의 학교에서는 아주 소규모로 진행되고 있는 것들이 대부분일 것이다.

아이들이 1개월 또는 3개월 이상 관심을 가지고 진행할 수 있는 원예 프로그램을 만들어서 운영해 보도록 하자. 자신이 키우고자 하는 식물을 선택하고, 봄날 햇볕이 따뜻한 날에 정원에서 자기 이름이 붙은 식물을 심고, 그 식물이 잘 자라는지 관찰하도록 하자. 여름이 오기 전에 가뭄이 오면 식물이 필요한 물을 주기도 하고, 꽃이 피고 열매가 맺힌 다음 그 열매를 친구들과 나눌 수 있도록 해주고, 함께 참여하는 아이들이 토론이나 자신이 하고 있는 일에 대해서 다양한 이야기를 나눌 수 있는 장을 만들어 주도록 하자.

이 프로그램에는 정원사나, 원예치료사 등 전문가들이 함께하여 아이들이 정원에 어떻게 적응해 나가는지, 정원을 어떻게 꾸미고 가꾸어 나가는지에 대해 면밀한 모니터링을 하는 것도 중요하다. 프로그램을 시작하기 전 개별 학생에 대

정원의 크기: 1~2평 정도
참여 어린이 수: 10명 내외
프로그램 기획 시기: 3월 20일 이후~6월 20일까지(약 3개월)
주간 프로그램 참가 횟수: 주간 2회 참여.

도심과 자연이 하나가 될 때

한 현재 심리상태, 아이들의 생활 형태 등을 사전에 면담을 통하여 충분히 이해를 하고, 원예치료 프로그램이 실행되었을 때, 아이들의 생활에 어떻게 영향을 끼치는가에 대해서도 면밀히 관찰하고 기록하도록 한다.

아이들에게 공동체의 삶과 여럿이 정원 활동을 함께 하고, 그 결과로 초록이 가득하고, 다양한 색의 꽃이 피고, 열매가 달리고 그 결과물을 함께 나누는 경험은 아이들의 미래를 더욱 밝고 활기차게 만들어 줄 수 있다. 어릴 때 새롭게 한 경험은 평생 잊지 못할 경험으로 아이들의 인생에 많은 영향을 미친다는 것은 주지의 사실이다. 초록이 아이들에게 가져다주는 생기와 활력, 그리고 아이들 스스로의 손으로 식물을 심고, 가꾸고 했던 것들이 꽃을 피우고, 피어난 꽃이 지고 난 후에 열매가 맺히는 모습은 스스로에게 큰 기쁨과 행복, 그리고 자신에 대한 자아의 성숙 등을 느끼게 할 것이다.

어린이 원예 프로그램

10대를 위한 리틀 농부 프로젝트

10대 아이들이 농사일과 관련된 텃밭 정원에서의 프로젝트를 시작하게 되면, 대부분의 아이들은 무엇부터 해야 할지를 모를 것이다. 하지만 막상 시작하고 나면, 자기가 심은 작은 씨앗이 모종이 되고, 모종을 텃밭에 옮겨 심은 후, 물을 주고 따뜻한 햇살에 그 식물이 얼마나 빨리 자라나는 지를 몸소 체험하고 나면, 그 일이 얼마나 자신에게 큰 경험이고 큰 기쁨인지 금방 알게 된다.

실제로 남는 시간에 컴퓨터 게임을 하거나, 친구들과 PC방을 갈 생각뿐이었던 아이들이 이제는 자신들이 키우고 가꾸는 작물에 대해서 먼저 걱정을 하고, 프로그램 시간을 기다리게 되고 시간보다 일찍 찾아와 함께 프로그램을 진행하는 선생님과 즐겁게 정원 일을 하게 된다고 한다.

프로그램은 방과 후에 일상처럼 매일 학원에 가고 수학이며, 영어며 온통 공부와, 학교와 학원을 벗어날 수 없는 억압적이고 틀에 박힌 환경에서 벗어나는 계기가 된다. 그로 인해 매일매일 자라는 초록의 식물들을 가까이서 보고, 그 작물이 무럭무럭 자라는 것을 보면서 원예가 세상의 탈출구가 되고, 미래에 대한 무한한 상상력의 시작점이 되는 것이다.

10대의 아이들은 텃밭 정원에서 함께 하는 친구들과 여러 가지 다양한 의견을 토론하고 새로운 친구들과 친분을 쌓기도 하고, 초록의 물결 속에서 편안함을 느낀다. 그리고 텃밭에 어린 모종을 심은 지 얼마 지나지 않아 어느 정도 자라게 되면, 꽃이 피고, 그 꽃을 찾아온 벌들과 나비 등을 자연스럽게 받아들인다. 아이들은 이러한 초록의 생태가 주는 에너지와 매일 변화하는 모습 속에서 왕성한 호기심을 발휘하게 되고, 자연스럽게 초록과 다양한 식물이 만들어 내는 꽃과 그 꽃의 색 등을 통해서 창의력과 자아의 성숙과 감수성을 키우게 되는 것이다.

함께 텃밭을 일구고 텃밭에서 활동하

도심과 자연이 하나가 될 때

게 되면서, 친구들을 괴롭히거나, 친구들과 따돌리거나 할 필요도 없어진다. 자연 속에서는 서로 경쟁할 필요도 없으며, 서로 잘났다고 설칠 필요도 없다. 흙과 물, 공기, 따뜻한 햇볕만 있으면 모든 식물이 잘 자라듯 아이들도 그렇게 자연 속으로 편하게 녹아들어 가게 되는 것이다.

3개월이면 대부분의 식물들이 꽃을 피우고 열매를 맺는다. 물론 과수나무와 같이 6~7개월에 걸쳐서 결실을 맺는 것들도 있지만, 대부분의 1년생 작물들은 3개월에서 4개월 정도면 여름의 그 뜨거운 햇살 아래에서 결실을 맺는다. 그렇기 때문에 3개월에서 4개월 정도면 모종을 텃밭에 심고, 결실을 수확하기까지의 시간으로 충분하다.

작은 농부들 역시 자신이 수확한 결실들을 집으로 가져가거나, 주위 사람들에게 나눠주는 기쁨을 만끽할 것이다. 결실을 가지고 주위 사람들에게 나눠주면 서 입으로 열심히 자랑하고 무언가를 만들어 줄 수 있다는 것과 나눔을 실천하는 것을 당연하게 배울 수 있는 것이다.

텃밭의 크기: 20평
참여 인원수: 10~20명
프로그램 운영 기간: 3월~6월 그리고 8월~10월
주간 프로그램 참여 횟수: 1주일에 2회

어린이 정원 텃밭 프로그램

도심과 자연이 하나가 될 때

일탈 청소년들을 위한 정원 프로그램

청소년기는 몸이 먼저 변하고 이어서 정신세계도 어른들의 세계만큼이나 격렬하게 변화하는 시기이다. 혼자보다는 다수의 아이들이 그 속에서 세력을 만들기도 하고 가끔 뉴스에서 보이기도 하듯이 어른들 못지않은 범죄를 그럴듯하게 여럿이서 모여서 기획하고 실행하기도 한다. 이러한 아이들의 특징은 대부분 어쩌다 보니 그렇게 하게 되었다는 것이다. 본인들 스스로 놀다 보니 또는 재미로 그러한 일들을 아무런 죄책감 없이 실행하고 있다는 것이다. 물론 정서적으로 또는 정신적으로 심각한 상태에 이르러 최악의 선택을 하는 아이들도 있다고 한다.

아이들이 어릴 때 나쁜 길로 빠져드는 이유는 아이들이 선택할 수 있는 게 아니라, 청소년기에 비행과 일탈 등에 손쉽게 빠져드는 각종 유해 환경에 그 이유가 있다. 야간에 어른들의 도시는 퇴폐와 환락으로 가득 차 있으며, 청소년기의 아이들은 손쉽게 이러한 유해 환경과 맞닥뜨릴

수밖에 없다. 그리고 비행과 일탈을 겪는 아이들은 부모들의 도움을 받지 못하는 가정환경 또는 집에서 부모로부터 학대를 받고 자라곤 한다. 그래서 불우한 가정환경에서 탈출하기 위한 수단으로 바깥의 세계를 동경하고 빨리 어른이 되기 위해 쉽게 그런 환경에 빠져들기도 한다.

이런 환경적인 요소는 실질적으로 청소년들이 모여서 함께 할 일이나, 놀이 대안적으로 새롭게 추구할 것들이 우리 사회에는 너무나 부족하기 때문에 발생하는 요소이다. 청소년기의 아이들이 비행, 일탈, 자살, 게임중독 등 다양한 형태의 문제를 해결하기 위해서는 사회적, 심리적, 정서적인 치료 행위를 통해서 해결할 수가 있다. 이러한 사회적, 심리적인 치료의 대안으로 가장 적합한 것이 바로 원예를 활용한 치료 방법일 것이다.

문제가 있는 청소년들이 원예치료를 시작하게 되면 공통적으로 나타나게 되는 가장 큰 특징은 초록 속에서 아이들은

대부분 안정감을 느낀다는 점이다. 문제가 있는 아이들 대부분은 정신적으로 불안정하며 사회에 부적응 현상을 보이고, 미래에 대하여 희망을 품고 있지 않은 경우가 많다고 한다. 원예치료 프로그램을 시작하게 되면 아이들은 식물이 새싹을 틔우고, 자신이 돌보는 식물이 어느덧 자라서 꽃을 피우고 열매를 맺는 과정을 함께 경험하면서, 정서적 안정감을 획득하게 된다. 이러한 정서적 안정감은 바로 여럿이 공동으로 프로그램에 참여한 아이들이 집단 내에서 긍정과 서로에 대한 이해 및 배려에 대한 공감대를 형성하게 된다고 한다.

원예치료 프로그램을 함께 하게 되면 아이들끼리 서로 경쟁도, 서로에 대한 적대감도 그리고 거친 행동과 욕설도 어느새 사라지게 되고, 얼굴의 긴장감도 하루이틀만 지나면 다 사라진다고 한다. 또한 어두웠던 얼굴의 그림자가 걷혀 활기가 넘치게 되고, 밝아지고 건강함을 되찾는다고 한다. 아이들은 원예치료 프로그램을 진행하면서 자신감 넘치고 주어진 과제도 스스로 알아서 잘하는 아이들로 자연스럽게 변한다고 한다.

프로그램에서 아이들은 주어진 과제를 수행하면서 창의력과 상상력을 발휘하기도 하고, 자연이 주는 힘에 이끌려 자연스럽게 순수한 마음 상태로 되돌아가기도 한다. 또한 함께하는 지도 선생님과 원예치료사 선생님 그리고 동료와 여러 가지 과제의 주제에 대해서 마음껏 이야기하고 토론하면서 사회 부적응 상태에서도 자연스럽게 벗어날 수 있을 것이다.

프로그램에서는 작물을 심고 가꿀 수 있는 1년생 위주로 다양한 식물들을 심고 가꿀 수 있는 텃밭 체험을 진행할 수 있다. 스스로 심거나 가꾸는 식물은 여러 개 중에 아이들이 스스로 선택하여 심도록 하고, 모종을 심은 후에 키우고 관리하는 것 역시 아이들이 스스로 할 수 있도록 한다.

청소년기의 아이들이니 프로그램 진행 시 정원에서 함께할 수 있는 놀이나, 레크리에이션 등도 함께 할 수 있도록 준비한다. 그뿐만 아니라, 정원 내에서 글쓰기, 그림 그리기 등도 준비하여 진행하여도 무난할 것이다. 정원사 또는 농부로서 일을 한 이후에는 모여서 함께 노래자랑 등의 무대를 즉석에서 만들어서 놀 수 있는 건전한 여가 활동도 준비하면 더욱 좋은 프로그램이 될 수 있을 것이다.

그리고 정원활동을 하는 기간이 수확물을 거둘 수 있는 시기라면 수확한 수확물을 다 같이 즉석에서 요리하여 즐길 수 있도록 하면 아이들에게는 크나큰 경험이 될 수 있다. 예를 들어 봄에 심은 감자가 어느 정도 크기로 열매를 맺었다면 그것을 캐어, 정원 한쪽에서 모닥불을 만들어서 감자를 굽거나, 아니면 흙 속에 감자를 넣고 옛날 방식으로 쩌서 먹는 체험 등을 할 수 있다.

야외 정원이나 텃밭에서 하는 원예 프로그램이 단지 원예만이 아니라 다양한 문화 및 놀이와 연결될 수 있도록 한다면, 위기의 청소년들에게 꿈과 희망 그리고 행복한 삶을 누릴 수 있도록 만들어 줄 수 있을 것이다.

텃밭의 크기 : 20평
참여 인원수 : 10~20명
프로그램 운영 기간 : 2~3개월
주간 프로그램 참여 횟수 : 1주일에 2~3회

청소년 원예 프로그램

주말 가족 프로그램

직장인들을 대상으로 하는 프로그램으로서, 월요일부터 금요일까지 직장인들은 쉬지 않고 일을 하고, 직장에서 1주일 내내, 고객들을 상대하면서, 또는 직장 상사나 다양한 업무적인 관계에서 수많은 스트레스와 에너지 소비를 경험하거나, 또는 번아웃이라고 할 정도로 정신과 몸이 지친 상태가 된다고 한다. 그러다 멍하게 이틀 정도 주말을 보내거나, 간단히 여행을 가거나 한다고 한다.

이러한 직장인들을 대상으로 하는 원예치료 프로그램을 주말에 하루나 이틀 동안 참가하여, 식물과 가까이 지낼 수 있도록 하고, 식물을 가꾸고 키우는 재미 그리고 그 주변 환경에서의 편안하게 휴식할 수 있는 프로그램을 즐길 수 있도록 해 주어야 한다. 참가자들 대부분이 직장에 다니다 보니, 지역 공동체 정원에 평일에는 참가할 수 없는 대상자들일 것이다. 이들은 주말에 혼자 보내거나, 친구를 만나거나 아니면 가족과 시간을 함께 보낼 것이다. 가족들이 함께할 수 있는 지역 공동체 정원 프로그램이 있다면, 가족 전체가 함께 주말 프로그램에 참여하거나, 혼자서도 참여할 수 있도록 프로그램을 지원해 주면 좋겠다.

정원의 크기: 가족당 1평 정도
참가인원수: 프로그램당 10가족(팀) 정도
가꾸는 식물의 형태: A. 주말형 키친 가든 형태. B. 꽃 종류 식물 식재하고 관리하기
프로그램 기간: 3월 말부터~10월 말까지

도심과 자연이 하나가 될 때

프로그램에 참여한 사람들을 묶어서 원예 커뮤니티(원예 소모임) 이름과, 그리고 정원의 이름을 만들고, 돌아가면서 매주, 책임자 두 사람을 정해서 진행하기로 한다. 매주 주말 시간을 정해서 전체 인원수가 모두 참여하는 것으로 정하고, 시작을 하는 것이 중요하다. 이는 서로에 대한 약속이고, 정원을 가꾸기 위해서는 지속적인 관리와 돌봄이 필요하기 때문이다.

공동체 정원 활동의 가장 큰 목적은 이웃들끼리 서로 알고 지낼 수 있는 공간을 만들고, 서로 화합하고 서로 이야기하고 지낼 수 있도록 하는 시작점을 만들기 위해서임을 잊어서는 안 될 것이다. 같이 공감하고 같이 가꾼 정원이 봄과 여름의 뜨거운 햇살을 받아 무럭무럭 원하는 것들을 자연스럽게 만들어 내는 모습을 함께 만들어 간다면 이보다 더 즐거운 일은 없을 것이기 때문이다.

주말농장

주중 오전 시니어 프로그램

도시에 공동체 정원을 만들어서 가꾼다고 하면 공동체 정원의 이름을 정하고, 농부들처럼 올해는 무슨 농사를 지을 건지, 아니면 어떤 나무를 심을 것인지에 대해서 논의해야 할 것이다. 공동체 정원에 참여할 구성원들의 커뮤니티를 만들고 함께하는 작은 소모임들을 구성하고, 그 모임별로 정원 활동이 상호 겹치지 않도록 조율하고 진행하여야 할 것이다.

주간 오전에 지역 공동체 정원별로 가꾸기를 함께할 사람들은 직장에 출근하지 않는 사람들이 대부분일 것이다. 이는 사회에서 정년퇴직을 하였거나, 또는 거동이 불편하여 야외 활동을 할 수 없거나, 집에서 일을 하는 사람들이 이 부류에 포함된다. 시간적으로 자유로운 편에 속하는 이웃들끼리 공동체 정원 가꾸기를 함께하는 프로그램을 열어 준다면, 이웃과 함께하는 즐거움, 행복이 지역사회에 가득하게 될 것이다.

현재 우리 사회의 가장 큰 인구 비중을 차지하고 있는 세대가 베이비붐 세대라 불리우는 시대에 태어난 사람들이 아닌가 싶다. 이 시기에 태어난 많은 사람들은 어디에 가나 비슷한 사람들과 부대낄 수밖에 없다. 나이가 든 후에도 건강한 사람도 있겠지만, 정년퇴직을 하고, 활동을 제대로 하지 않는 사이 건강이 나빠진 사람들도 있을 것이다.

이 세대에 속한 사람들이 과제 방식으로 주어지는 공동체 활동 프로그램에 참여하게 된다면, 참여하게 되는 각자는 본인이 체력에 맞게 활동을 하면 되는 것이다. 많이 아프다면 그냥 근처에서 구경만 하는 것을 본인의 할 일로 하면 된다. 사람들이 함께 있음으로 인해 공동체 원예 프로그램은 빛이 나고, 더 활발해질 것이기 때문이다.

휴식과 원예 활동의 반복은 힘들이지 않고도, 원예 활동을 공동체 의식을 가지

도심과 자연이 하나가 될 때

정원의 크기: 20~30평

참여인원: 20~30명

가꾸는 식물: 텃밭정원 식물, 나무, 과일, 꽃 등 다양하게 구성이 가능

커뮤니티: 큰 그룹 아래 작은 그룹을 만들어서 활동하도록 하면 됨

　　　　　　모임에서 1회 활동 시간: 1~2시간 정도

　　　　　　주 3회 활동 또는 격일 활동으로 나눠서 활동하도록 함

참여지도자: 원예치료사, 정원사, 정원디자이너, 식물학자 등 참여

활동: 몸이 약하거나, 허약한 사람은, 원예치료사와 함께하는 시간 동안 최소한의 활동폭으로 활동량을 조절할 필요가 있다. 시니어들의 특성상 장시간 활동을 하거나 날씨 등이 좋지 않을 때는 일정을 조정하여 다른 시간대에서 활동을 하거나, 다음날로 일정을 변경하여 활동을 하도록 한다. 활동을 1시간 이상 필요로 할 경우에는 30분 정도 활동한 다음 충분히 휴식한 후 다시금 활동하도록 유도한다.

고 함께함으로써 즐거움과 기쁨을 찾게 한다. 이러한 활동의 즐거움은 육체의 쇠약과 함께 줄어든 자존감이라든지, 자신감 등을 회복하는 데 가장 효과적인 일이 될 것이다. 또한, 나아가 사회적으로 동떨어지는 삶을 살아가면서 느끼게 되는 소외감으로부터 자신을 회복할 수 있는 충분한 계기가 될 것이다.

시니어들의 활동 프로그램은 다수의 사람이 여전히 무언가를 함께할 수 있다는 것에 사회 심리학적 초점을 맞추어 나가는 것이 좋다.

커뮤니티 가든 – 미국

주말 가족 힐링 프로그램

가족과 함께 초록이 가득한 세상에서 힐링을 하는 것은, 여름철 휴가지에서나, 아니면 주말에 특별하게 떠나는 숲에서의 캠핑에서나 가능할 것이다. 그런데 도심에 가족들이 함께 정원에서 힐링을 할 수 있는 공간이 있고, 무엇인가 가족들 전체가 할 수 있는 일이 주기적으로 주어진다면 어떠할까?

여러 가족들이 모인 정원 활동은 가족 단위의 집단들이 정원에 모두 나와 주말을 함께하는 데 그 의미가 있다. 현대의 우리 사회는 가족들끼리 놀러 가고 외식을 하고, 여행을 가는 등의 활동이 많이 있다. 그리고 아이들 역시 가족들의 품 안에서만 맴돌게 된다. 이러한 현상은 반대로 가족단위로 활동을 하게 되면서, 사회에서의 가족단위의 개인주의적 활동이 강하고, 서로 이웃들 간에 함께할 거리도 없는 사회에 살고 있다. 그래서 우리라고 하는 공동체의 말은 가족으로 한정을 짓게 되고, 이웃에 대한 무관심으로 발전하게 된다.

가족이 함께 하는 프로그램은 프로그램에 참여하는 여러 가족들이 모여서 함께 하는 프로그램이 될 것이다. 여기에 참여하는 가족들은 우리라는 개념을 원예 커뮤니티 전체의 가족들로 확대하는 결과를 가져오게 될 것이다. 이른 봄에 가족 단위로 모인 원예 활동가들은 자연스럽게 각자 가족만을 위해서 음식을 준비하다가, 두세 번 더 참여하게 되면 함께 하는 여러 사람을 위해서 추가로 음식을 준비하게 되고, 함께 모여서 밥이라도 먹게 된다면 프로그램 현장이 거대한 잔치의 장으로 바뀔 수 있게 되는 것이다.

어른 아이 할 것 없이 참여한 모든 사람들은 주어진 정원에서의 과제를 수행하고, 아이들은 정원에서 마음껏 뛰어놀기도 하고, 이후에 참을 먹는 시간이 오게 되면 여럿이 함께 준비해온 음식을 함께 나눠 먹으며, 공동체 의식을 확대할 수 있다. 그 결과 이웃에 대한 배려 그리

도심과 자연이 하나가 될 때

고 서로에 대해서 순수한 마음으로 다가서기를 꺼려하지 않게 되는 것이다.

정원 활동이 개인 혼자서 하는 즐거움보다, 여러 가족들이 함께하는 즐거움은 더 크다. 주말에 충분히 충전하지 못한 채 아이들은 아이들대로 어른들은 어른들대로 무료하게 집에서 텔레비전 프로그램을 보거나 컴퓨터 게임만 하고 지내던 것과는 정반대로 이웃과 프로그램 참여를 하면서 매주 행복해지는 자신들을 발견할 수 있을 것이다.

처음에 참여하여 만들기 시작한 정원에는 1달만 지나면 식물들이 왕성하게 자라고, 자란 식물들이 꽃을 피우고, 열매를 맺기 시작하는 것을 보는 것만으로도 즐거움을 느낄 것이다. 이에 더하여 이러한 공동체 정원을 함께 가꾸고 만들어가는 사람들과 함께하는 시간은 1주일 간의 도시 생활에서는 찾을 수 없는 행복감과 즐거움을 참여자들에게 가져다줄 수 있게 되는 것이다.

여러 가족들이 참여하는 프로그램이므로 원예 커뮤니티를 만들어서 참여하는 가족들이 함께할 수 있는 공간을 별도로 임대하여도 되고, 도시 텃밭 정원을 개발하여도 될 것이다. 정원에는 계절별로 꽃을 함께 가꾸거나, 텃밭 정원으로서 상추, 고추, 오이, 감자, 옥수수 등 다양한 식용 작물을 배치하여도 무난하다. 많은 노동을 통해서 많은 수확물을 목적으로 하는 정원이 아니라 가족들이 함께 정원활동을 하고, 여러 가족들이 함께 가꿀 수 있는 공간이면 충분할 것이다.

정원의 크기: 20~30평
참여인원: 참여 가족 수 5~10가족
가꾸는 식물: 텃밭정원 식물, 나무, 과일, 꽃 등 다양하게 구성이 가능
커뮤니티: 큰 그룹 아래 작은 그룹을 만들어서 활동하도록 하면 됨
모임에서 1회 활동 시간: 2~4시간, 주 1회
참여지도자: 원예치료사, 정원사, 정원디자이너 등

주말농장

도심과 자연이 하나가 될 때

남이섬

꽃이 아름다운 이유는?

영원히 피어 있지 않기 때문이다….